# PRODUCE | CONCEPT CREATION
# MIKAMI Noriaki | IMAGINEERING

## 環境デザインのプロデュース・コンセプトクリエイション・イマジニアリング

三上訓顯

井上書院

# まえがき

　大学で建築や都市を勉強してきた者の常として建築設計事務所で仕事をすることになった。だが建築は敷地境界線からはみ出して物事を考えることができない。そこで大学院に入り直し環境デザインを勉強した。その後に浜野商品研究所に勤めたときが最初のカルチャーショックだった。ここではコンセプトやチャートといった言葉が飛び交い、しかもここの人達は設計という行為をまったくしないにもかかわらず建築をつくりだしていた。その方法がプロデュースという当時新しい方法であった。それは設計という行為に直接関わらない間接的でソフトなデザイン実現方法である。それ以来筆者は、こうした方法の出発点であるコンセプトクリエイションに没頭していった。気がつけば研究開発ディレクターとして全国の自治体や民間企業を相手に、都市や地域の街づくりの提案をし、プロジェクトのプロデュース活動に関わっていったのである。そのとき気がついた。建築や都市の計画や設計だけがデザイン実現のための方法ではない。デザインには、多様な実現のためのアプローチがあってこそデザインなのだろうということを。

　その後大学に赴任し、今度は学生達を相手にプロデュースの方法やコンセプトのつくり方を教える立場になった。そのときが第二のカルチャーショックであった。私自身プロデュースをしたりそれらをつくったりすることは経験上容易だが、特にコンセプトのつくり方を客観的に第三者に教えるとなるとこれは別問題である。そこでコンセプトチャートのつくり方を私なりに模索した。そうした模索の過程や結果を、学術論文や大学の研究紀要に書きためていった。それらの研究成果をもとに本書はつくられている。一度そうした模索過程を体系的に整理してみたいと思ったのが本書をつくる動機である。

　だから本書では、プロデュースとは何か、そのなかでもコンセプトクリエイションの考え方やつくり方は何か、そしてコンセプトクリエイションを勉強してゆく方法は何か、という3点を明らかにしてゆくことが執筆の目的である。したがって目的に沿って3つのPartからこの本を構成している。

　Part1のプロデュースについては、これまでいくつかの学術論文にも書いてきているが、Ch1では本書のテーマに近い書き方をした学術論文を下敷きにして加筆修正したものであり、プロデュースの構造や役割について記述している。Ch2では、大学の紀要に執筆した論文を加筆修正したものであり、プロデュースにおける提案書、すなわちプロポーザルを用いてプロジェクトの始動期の活動と、建築や都市のプロジェクトを社会的に進めてゆくプロジェクトの推進期の活動とについて記述している。

　Part2の多くは今回書き下ろしたものであり、プロデュースの活動のなかでも始動期の活動であるコンセプトクリエイションを取り上げ、コンセプトチャート、マーチャンダイジング、スケマティックデザイン、フィジビリティスタディについての基本的な考え方や方法を私なりに記述したものである。

Part3では既発表の論文を下敷きにして加筆修正したものであり、コンセプトワークを始めとして、それらをどのように勉強してゆけばよいかという教育上の視点から、これまで実践してきた2つの教育プログラムをあげた。この教育プログラムというところが、一番難しいところであり、いまでも思考している部分があるが、私なりに試行錯誤の果てに試論的に記述したものである。特にコンピュータを日常的に使用する教育環境において、こうしたコンピュータ・ツールの特性を十分に生かした教育プログラムへの試みでもある。

本書では、プロジェクトを統括的に捉えてゆくというのが基本姿勢である。だから詳細な記述が不十分なところもあるだろう。だが統括的なことは、特に数多くの情報が錯綜してくる現代社会においては、見失ってはならない視座だといえる。こうした筆者の考え方は、建築教育というよりはむしろ自治体の都市分野におけるスペシャリスト達の考え方に近いと思われる。むしろそうした人達にこそ統括的な視座が敷延されることを願っている。というのもプロデュースという方法は、社会的に認知され制度として形成されているわけではないからだ。筆者は、今後プロデュースという方法が社会的に認知され制度として形成されることを期待している。さらに今後プロデュースやコンセプトワークといった方法論を研究面でさらに進化させて欲しいと思われる。

筆者はこの本が、行政や民間企業に勤める建築・都市開発の関係者はもとより、デザインを志す人達にとってクリエイションのためのツールのひとつとなって欲しいと願うとともに、さらに多くの人々にとって本書が、知的創造の刺激材料のひとつになれば幸いである。

### 初出一覧

Ch1.三上訓顯:これからのデザイン戦略におけるプロデュース・システムについて,日本デザイン学会50周年記念論文集,第12巻2号,通巻46号,p53-63,2004.

Ch2.名古屋市立大学紀要:三上訓顯:プロデュース活動のプロジェクトマネージメントについて,芸術工学への誘い8, P293-322,,岐阜新聞社,2004.

Ch6.名古屋市立大学紀要:三上訓顯:環境デザインのイマジニアリングについて,イマジネーションを具現化してゆく方法,芸術工学への誘い11, p273-309,岐阜新聞社,2007.

Ch7.名古屋市立大学紀要:三上訓顯:ソーシャルネットワークを用いた仮想環境のデザインについて,芸術工学への誘い12, p153-182,岐阜新聞社,2008.

本書は上記論文を加筆修正しました。
本書で氏名の記載がない図表は、すべて筆者が制作しました。

# 目　次

まえがき

## Part1. PRODUCE
### Ch1. これからのデザイン戦略におけるプロデュース・システムについて
1.1　ボーダーレスの時代 ---10
1.2　デザインという戦略について ---10
1.3　プロデュースの概念と構造 ---12
　1.3.1　筆者らの既往研究 ---12
　1.3.2　プロデュースの概念について ---13
　1.3.3　プロデュースの構造 ---14
　1.3.4　関連する概念との関係について ---16
1.4　プロデュースワークとデザインワークの相違 ---16
1.5　プロデュース・システム・モデル化 ---18
　1.5.1 コミュニケーション分野 - 事例 1. ---18
　1.5.2 プロダクトデザイン分野 - 事例 2. ---19
　1.5.3 環境デザイン分野 - 事例 3. ---20
　1.5.4 プロデュース・システムのモデル化 ---20
1.6　プロデュース・システムの役割と可能性について ---22

### Ch2. プロジェクト・マネージメントについて
2.1　プロデュースのなかの継続活動 ---23
2.2　プロデュースの必要性 ---24
2.3　プロジェクト目標 ---26
2.4　プロジェクトの活動体系 ---29
2.5　プロジェクト・スケジュール ---31
　2.5.1 スケジュールづくりの基本的考え方 ---31
　2.5.2　プロジェクト・スケジュールづくり ---31
2.6　プロジェクトの推進体制 ---34
2.7　その他の推進活動について ---35
2.8　まとめ ---35

## Part2. CONCEPT CREATION
### Ch3. コンセプトクリエイションの基礎
3.1 基礎知識の整理 - 言葉の性質について ---38
　3.1.1　個別的属性と本質的属性 ---38
　3.1.2　内包 (Intension) と外延 (Extension) ---38
　3.1.3　階層化 (Hierarchy) および類 (Genus) と種 (Species) ---39
3.2　言葉の種類と関係 ---40
3.3　言葉の区分と分類 ---41
3.4　言葉とイメージとの関係 ---41
3.5　記述の形式 ---42
　3.5.1　論理的に考える＝チャート(図)という現代的方法について ---42
　3.5.2　全体的な論理構造を理解すること ---42
　3.5.3　個別的な文章構成の理解 ---43
3.6　チャート化からコンセプトワークのツールへ ---45
3.7　まとめ ---45

### Ch4. コンセプトクリエイションの方法
4.1　コンセプトワークのカテゴリ ---47

4.2　カテゴリの筋道 ---48
4.3　コンセプトチャートの設定 ---49
　4.3.1　why= プロジェクトを必要とする理由とは ---49
　4.3.2　what= 何を提案するのか ---51
4.4　コンセプトのチャート化 ---54
　4.4.1　コンセプトのイメージ化 ---54
　4.4.2　who= どんな人々のどんな生活を実現するのか ---55
　4.4.3　how= どのような方法で実現するのか ---58
4.5　まとめ ---58

Ch5. コンセプトクリエイションの表現
5.1　図の形式 ---61
5.2　プロポーザルとして表現する ---62
5.3　コンセプトチャートによる提案 ---62
5.4　マーチャンダイジングによる提案 ---63
5.5　スケマティックデザインによる提案 ---64
5.6　事業収支モデルの提案 ---66
5.7　プロポーザルとプレゼンテーション ---68
5.8　コンセプトクリエイションの役割 ---72
5.9　まとめ ---74

Part3.　IMAGINEERING
Ch6. 環境デザイン教育におけるイマジニアリングについて
6.1　はじめに ---84
6.2　環境デザイン教育のイマジニアリング ---84
　6.2.1　バーチャル・アイランド・プログラムの考え方とテキスト ---85
　6.2.2　プログラムの制作内容について ---87
　STAGE1. フィールド・サーベイ ---87
　STAGE2. コンセプトクリエイション ---90
　STAGE3. マスタープランをつくる ---91
　STAGE4. 地区計画と環境構成要素をつくる ---93
　STAGE5　スケマティックデザインで提案イメージを表現する ---95
6.3　本教育プログラムの受講生作品から ---97
6.4　まとめ ---97

Ch7. セカンドライフを用いた環境デザイン教育のイマジニアリング
7.1　はじめに ---103
7.2　シムの建設過程について ---104
　7.2.1　土地の造成 ---104
　7.2.2　建築物の建設 ---104
　7.2.3　ランドスケープの建設 ---106
　7.2.4　コミュニケーションの場の考え方 ---108
　7.2.5　建設条件について ---110
　7.2.6　シム建設時の姿 ---111
　7.2.7 シム建設を通じたセカンドライフの特徴 ---112
7.3.　大学におけるセカンドライフの実験利用 ---114
7.4　まとめ ---115

注および参考文献
筆者の仕事
あとがき

アメリカ独立の演説を行ったサミュエル・アダムスの銅像とともに、その背後にあるファニエル・ホールはアメリカ史にはかかせない歴史建築物。しかし戦後都市の郊外化により、この地域の環境はインナーシティ問題を抱えスラム化していた。そこで1973年J.W.ラウスが、歴史建造物を保存しながら、古き良き時代のアメリカン・テイストの賑わい性がある商業施設へと都市再生事業を行った。ラウスが行った主なた仕事は、建築の設計以外のすべての仕事といったらよいだろう。つまり公共や民間からの資金調達、自治体との調整や事業構造づくり、テナントリーシング、イベントのプロモーションなど多岐にわたるソフトな活動といってもよい。これこそ都市や街づくりの場面におけるプロデュース活動である。プロデュースは、建築設計以外のすべての活動に関与してゆく。もしあなたが夕方この複合商業施設を訪れれば、ここで賑わう人と建物が混じり合う姿はラウスが実現したテイストを適切に理解することができるだろう。

**Faneuil Hall MARKETPLACE,BOSTON  Urban redevelopment Producer:James Wilson Rouse,renewal open1976.**

# Part1. PRODUCE

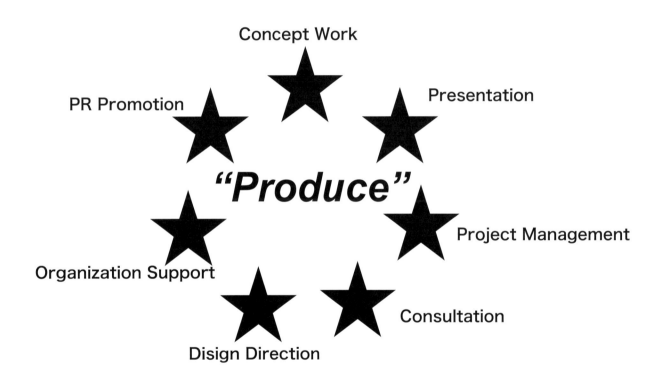

　プロデュースには、7つの役割があります。そしてプロジェクトの最初から最後まで関わります。新しいプロジェクトを発見し、その方向性を論理的にコンセプトとして提案し、あるべき姿をビジョンとして描く。そしてプロジェクトが立ち上がれば、コンセプトの一貫性を管理しながらプロジェクトを前に推進してゆきます。設計を直接行うデザインをハードなデザインとすれば、プロデュースは設計を間接的に行うソフトなデザイン方法です。間接的とは自らは直接設計を行わないかわりに、多数の建築家と一緒になってプロジェクトを行います。

# Ch1. これからのデザイン戦略におけるプロデュース・システムについて

1.1　ボーダーレスの時代

　現代社会を特徴づけている言葉のひとつにボーダーレスがあります。この言葉がもつ「境界を越える」という概念は、分野、組織、国家といった従来の枠組みを越え、多様な事象・現象や社会活動の広がりを示しています。実際に地球規模で、資金、ビジネス、人の流れは変わり、WEB上で情報文化の同時的な受発信がなされ、地球温暖化といった一国家では解決できない問題を共有してゆくことも可能になりました。当然デザイン活動もボーダーレス化しつつあります。そうした変化のひとつに、20世紀後半の現代デザイン企業［注1］による異分野参入という現象がありました。異分野参入とは、従来から活動してきた専門分野を超えて、他分野へと活動の領域を広げてきたことです。こうした背景には、デザイン方法の変化がみられました［注2］。これについてすでに筆者は、異分野参入の際に発生してきたプロデュースという方法に着目し、この概念や役割について後述するいくつかの論文で検証してきました。これからのデザイン開発においてプロデュースは、分野、領域、そして国家といった境界を越えた活動をしてゆくための有効な方法のひとつだと考えています。

　本章の目的は、これまでの研究成果をベースとし、プロデュースの概念や構造について明らかにしながら、これからのデザイン開発において望まれるプロデュース・システムのあり方を試論的に提案してゆくことにあります。

そのための方法は、先ず示唆的な著書を引用し何がデザイン戦略であるかを探ります。次いで筆者らの既往研究で検証してきたプロデュースの特性、概念、構造について明確化するとともに、プロデュースとデザイン分野との相違について考察します。さらに特徴あるプロジェクト事例を取り上げつつ、可能性として考えられるこれからのプロデュース・システムの概念的なモデル化を試みます。以上の戦略、概念、構造、モデル化を直線的に論じてゆきます。

　本書で扱うデザインの概念を次に定義［注3］しました。デザインとは、ある目的や成果を上げるために、一貫した意図方法や意識を伴い、人間のあらゆる活動領域に対し、混沌に対する一定の秩序を創造しようとする活動分野です。さらにデザイン分野をコミュニケーション、プロダクト、環境［注4］に3分類し、この下位分野をデザイン諸分野と呼んでおきます。

1.2　デザインという戦略について

　本節では、クリストファー・ロレンツ［注5］、ロバート・ライシュ［注6］の著書から、デザイン開発における戦略性を探ります。

　ロレンツは、プロダクト系企業のデザイン開発過程を検証し、形態的なデザインや技術力で他企業に対する優位性を維持しようとする従来のデザイン方法が困難な事実を指摘しています。その上で経営的成功を果たしてきたい

くつかの事例を用い、デザイン戦略の姿を明らかにしました。以下にロレンツの一節を引用します。

『カタチや物体間の関係を立体的に可視化(ビジュアライゼーション)する能力であるイマジネーションや、当たり前の結果では満足しない性向、つまり創造性、言葉やスケッチでコミュニケートする能力、そして最後に、デザイナーに常に必要とされる、あるゆる種類の業際的な要因や影響力を要領よく一つに結び束ねる能力などである。』

ロレンツが述べているイマジネーション、創造性、コミュニケートは、インハウス・デザイナーの個人的資質や能力が関係し、デザインの形態や仕様に直接結びついています。最後の「一つに束ねる能力」とは、デザイン開発方法の役割を示唆していると考えられます。インハウス・デザイナーが、製品開発過程の最後にカタチを与える「スタイリスト」という後付け的役割ではなく、製品開発過程全体の統合者、編成者、触媒者(カタリスト)という主体的な役割や組織、そして方法を形成してゆくことがデザイン戦略だと論じています。

ついでライシュの考え方をみてみましょう。ライシュは、現代社会の活動が、もはや一国家や企業という組織を越え、地球規模で張りめぐらされたグローバルWEB上で展開している現状に即し、新職業分類を提案しました。それが表1に示す1)ルーティン生産サービス、2)対人サービス、3)シンボル分析的サービスです。ライシュの新分類は、従事している活動内容で分類した点に特徴があります。特に第3のシンボル分析的サービスの従事者、シンボリック・アナリストの抽出が示唆的だといえます。シンボリック・アナリストとは、データ、言語、音声、映像などによって表現されるシンボルやイメージを操作し、問題の発見、解決、媒介、公式化、仮説を検証し、設計や戦略を考案し、助言、提案、説明、取引のために活動します。そして定期的に報告書、企画、設計、原案、覚書、配置図、翻訳、脚本、事業計画など

表1. ライシュの新産業分類

**1)ルーティン生産サービス**

| | |
|---|---|
| 対象 | 製造系企業や情報処理・オペレーションサービス企業等 |
| 内容 | 標準的な手順や定められた規則に拘束され、管理者も上位の管理者から監視を受け、膨大な仕事量と正確さが評価されるサービス。賃金は労働時間や仕事量で決まる。 |
| 組織 | 同じ仕事をする多数の仲間と一緒の環境 |
| 対外 | サービスの最終受け手とは接触しない。 |

**2)対人サービス**

| | |
|---|---|
| 対象 | 人間に他する直接的供給サービス |
| 内容 | ルーティン生産サービスと同様単純作業の繰り返し。標準的手順、規則に拘束され、時間の正確さ、他人からの信頼、相手に好感を与える振る舞いが要求される。 |
| 組織 | サービスの最終受け手と接触する。 |
| 対外 | 小売サービス業従事者、守衛、銀行の窓口係、病人老人ホーム介護者、託児労働者、家政婦、運転手、自動車整備工、住宅販売人、スチュワーデス、診療所医師等。 |

**3)シンボル分析的サービス**

| | |
|---|---|
| 対象 | シンボル(データ、言語、音声、映像表現等)を駆使した国際的な取引関係 |
| 内容 | シンボル操作で問題点の発見、解決、媒介をする。その結果資源の有効活用、金融資産の移動、時間・エネルギーの節約、技術的な発見、革新的法律解釈、斬新な広告、さらに音、言語、映像の操作によって受け手を楽しませる。 |
| 組織 | 個人又は少数のチーム、パートナーで行い世界的な組織網とも結びつく |
| 対外 | 研究科学者、設計・ソフトウェア等技術者、投資銀行家、法律家、不動産開発・経営組織情報の専門家、会計士、エネルギー・軍事・建築のコンサルタントやプランナー、ヘッドハンター、システムアナリスト、広告プランナー、マーケッター、アートディレクター、建築家、映画監督、写真家、工業デザイナー、出版人、作家や編集者、ジャーナリスト、音楽家、TV映画プロデューサー、大学教授 |

を発表し、知識を論理的かつ創造的にプレゼンテーションしてゆく活動だといえます。

ライシュの分類をデザイン活動に適用すると理解しやすいです。例えばマンションメーカーのルーティンワーク的な計算や設計で均質デザインを量産してゆくといった活動は、ルーティン生産サービスに該当し、依頼者の注文に応じあらかじめ用意された定型プランの組替えやセールストークによるハウジングメーカーのデザインは対人サービス、シンボルを操作し時代や社会の問題解決を抽出しデザインの仕組みとして構築してゆこうとすれば、シンボル分析的サービスに分類できるでしょう。

デザイナーはシンボルやイメージを操作し業際的な事柄をひとつに結び束ねられるカタリスト(触媒者)を目指せ、とする彼らの主張を踏まえれば、デザインの形態操作という直接的方法から、これを束ねまとめるといった間接的方法によるデザイン操作の構築が、デザイン戦略の新しい方向だと解釈できます。

### 1.3 プロデュースの概念と構造

前節で述べた間接的方法には、環境デザインの立場からソフトなデザイン活動の存在を指摘した研究［注7］、またマスターアーキテクトという概念を実践した研究［注8］があり新しいデザイン開発方法がすでに模索されています。こうした背景のなかで筆者は、プロデュースという方法の役割や有効性を検証してきました。本章では、これまでの研究成果をまとめながら、プロデュースの特性、概念、構造について明確化してゆきます。

#### 1.3.1 筆者らの既往研究

プロデュースに関する既往研究は、表2で示した6編の研究が該当します。
最初の研究1.［注9］は、デザイン活動の変化とプロデュースの研究仮説を構築しました。最初にデザイン3分野の特徴がある3デザイン企業の活動

表2. 筆者らの既往研究

| | |
|---|---|
| 研究1 | 都市づくりにおけるソフト・デザインの展開(注9) |
| 研究2 | 先駆的デザイン企業の活動特性に基づく類型化の試論(注10) |
| 研究3 | プロデュース方式による余暇施設開発とその成果に関する研究(注12) |
| 研究4 | プロデュース方式による余暇施設開発運営とその将来課題に関する研究(注13) |
| 研究5 | 総合計画における副都心施策と実態に関する考察(注14) |
| 研究6 | プロデュース方式による都市拠点形成のための背後要因の考察(注15) |

分野と活動内容の2視点から経年変化を追いました。この結果1970年以降、隣接分野、他分野へと展開、各分野を渡り歩くといった異分野参入の実態を明らかにしました。最も異分野参入が顕著な企業の活動に着目し、従来から計画や設計と呼ばれている段階的活動と、各段階に継続的に関与してゆく継続活動との視点から3企業のデザイン活動をみました。その結果継続活動が経年的に増加していることが明らかとなり、それがプロデュース活動の発生だという仮説を立てました。

研究2.［注10］は、先の研究仮説を定量的に実証したもので、異分野参入の顕著な傾向がみられた一企業［注11］の28年間のデザイン活動を扱いました。デザイン活動の契約内容に記載された活動内容を11の活動指標に基づいてデータベース化し、多変量解析による分類軸の抽出と類型化を試みました。その結果、継続活動と段階活動とを明解に分類する軸が抽出され、プロモーション型、コンサルティング型、プランニング型、ビルトアップ型、そしてプロデュース主導型の5タイプを抽出しました。さらにプロデュース主導型の活動内容から、プロデュース活動の7つの役割(14頁表3参照)を抽出し、先の研究仮説を立証しました。

研究3〜4.［注12、13］は、筆者らが実際にプロデュースを用い、実現してきた余暇施設整備プロジェクト実現過程における活動の多角的検証を行いました。ここではプロデュースの有効性について、開業後の運営実績や事業成否を多角的に検証しました。検証項目は、所期コンセプト実現度、周辺競合施設との関係における集客力、利用者の満足度、将来需要予測などです。その結果このプロジェクトは、所期目的をほぼ適切に実現してきたことが運営後の実態面から明らかになり、プロデュースが有効であることを実際のプロジェクトで立証しました。

　研究5.［注14］は、デザイン活動が集積している都市拠点に着目しました。全国政令指定都市の都心・副都心地区を対象とし、整備施策である都市総合計画と整備実現度との関係を検証しました。実現度の検証には人口、産業、商業の3指標を用いました。結果は都市ごとに大きく実現度が異なっている実態を明らかにしました。さらに詳細にみたのが名古屋市都市拠点を対象とした研究6.［注15］です。過去20年間の整備施策である総合計画と、施策実現度との関係について、23の都市活動指標を用い定量的解析を行いました。結果は、整備施策と実現度とが都市拠点ごとに乖離している実態を明らかにしました。こうした背後要因には、起案面といえる整備施策を適切に実現してゆく推進面での方法の欠如を指摘でき、プロデュース方式を必要としてくる都市の実態を解明しました。

### 1.3.2 プロデュースの概念について
　次に既往研究の成果に基づきプロデュースの考え方についてまとめ、プロデュースの定義を明確化してゆきます。

#### (1) プロジェクト関与の継続性
　従来のデザイン各分野における実現過程は、分野を問わず企画→計画→設計→制作・建設→運営といった個々の段階(stage)ごとに完結された活動をリレーしながら実現してゆく方法です［注16］。これを段階活動と呼びます。一方プロジェクトの全活動過程に継続関与し、すべての段階活動を対象として、これに働きかける継続活動があります。こうした継続活動がプロデュースでありプロデュース対象が段階活動です。

#### (2) デザイン操作の間接性
　従来のデザイン活動では、作図、計算、仕様選択、制作・施工管理などの形態的操作や数字といった定量化できる具体的技術を用い、物や空間を直接操作しデザイン実現を行っています。一方プロデュースは、言葉、図形情報、イメージなどの抽象的技術を用いながら、プロデュース対象を指揮、統括、調整、誘導といった間接的な方法によってデザイン実現を目指します。したがってプロデュースは、間接的なデザイン実現方法です。

#### (3) 起案活動と推進活動
　プロデュース活動は、プロジェクを発掘し、解決方法を構築し、関係者に提示し、理解や意志決定を促してゆく起案活動と、これを実現してゆく推進活動とに2分類されます。起案活動でコンセプト、ポリシー、デザインの方向をイメージ化したスケマティック・デザイン(概要設計)によって提案の骨格がつくられ、プロジェクト関係者に対し提案されます。そして提案が認められたコンセプト等の起案は、これ以後に発生するすべての段階活動に対する与条件となるなどの指導性を確立します。推進活動は、コンセプトの一貫性を維持してゆくために、プロデュース対象となるすべての段階活動を管理し、調整し、誘導してゆく活動で、起案活動で承認されたコンセプト等の実現責任を果たしてゆくことが大きな役割です。したがってプロデュースには、起案、推進の2つの活動が必要不可欠です。

#### (4) プロデュースの役割について
　既往研究において抽出した7つの役割は、立案、提案、統括、助言、制作管理、組織支援、衆知です。各役割の定義を次頁の表3に示しました。これがプロデュースの活動内容です。プロジェクト目的に応じて各役割を組合せ、

## 表3. プロデュースの役割

| | | | |
|---|---|---|---|
| （継続活動）プロデュース | 起案活動 | 1.立案 "Concept Work" | 社会や時代あるいは生活において問題点を発見し解決を探り、その答えをコンセプト、イメージ、ポリシー、スケマティックデザインなどを創造し、以後の活動に対する内容面での指導的な役割となりうる施策としてまとめ、プロジェクト自体を立ち上げようとする活動。 |
| | | 2.提案 "Presentation" | プロジェクトの関係者間の共通認識や合意形成、実現に向けた意思決定のための活動。 |
| | 推進活動 | 3.統括 "Project Management" | プロジェクトの骨格となる活動フレーム、推進組織編成、指揮系統、予算、スケジュールを設定する活動とともに、プロジェクトすべての推進過程を掌握し、これを指揮し、コンセプトとの一貫性を管理し、所期目的実現のための統括、調整、指導等を、すべての段階とすべてのプロジェクト活動に対し継続的に行ってゆく活動。 |
| | | 4.助言 "Consultation" | プロジェクト推進してゆく関係者に対する総合的な立場からの助言活動。 |
| | | 5.制作管理 "Design Direction" | プロジェクトでなされるすべてのデザイン評価、判断、誘導、修正、施工許可を行う権限をもつデザイン管理活動で、一般的にはディレクションとよばれる。 |
| | | 6.組織支援 "Support" | プロジェクト推進や参加する組織に対する支援であり、経営、人材育成及びそのプログラミング等を行うとともに時には実現後の経営組織をつくるための活動も含む。また場合によっては経営主体となり、資金調達、人材招聘、管理を行うなど、事業を経営してゆく場合もある。 |
| | | 7.衆知 "PR Promotion" | プロジェクト後の地域や社会への受入れのためのコンセンサスや話題形成等を目的とする情報公開や広報活動。 |
| （段階活動）従来からの活動 | | 企画 | 市場調査やアドバンスドデザイン、建築や都市分野での構想等の策定と、そのための調査や解析のための活動。 |
| | | 計画設計 | 製品計画、建築計画、事業計画、あるいは都市総合計画といったの実施のための計画と設計活動。 |
| | | 監理 | 媒体や製品の制作管理、建築土木の施工監理、イベント進行監理、プログラムや器機等の導入設置監理等、制作現場を管理する活動 |
| | | 運営 | デザイン完成後の経営組織の運営に関する諸活動。 |

段階活動に対して働きかけ、所期目的を実現してゆく活動こそがプロデュースです。

以上の考察に基づきプロデュースを定義します。

プロデュースは、ある目的や成果を実現するプロジェクトの全過程に継続して関与し、コンセプト、ポリシー、イメージを創造し、提案してプロジェクトを立ち上げる起案活動と、コンセプトの一貫性を維持しながら所期目的の実現責任を果たすための推進活動とで構成され、具体的に立案、提案、統括、助言、制作管理、組織支援、衆知の7つの役割のすべてあるいはいずれかが総合的かつ指導的な立場から行われるデザイン活動のひとつです。

### 1.3.3　プロデュースの構造

次にプロデュースの構造について述べます。次頁図1は従来のプロジェクトの進め方を構造化したものです。企画、計画、設計、建設、運営の段階ごとに、企画コンサル企業、土木・建築事務所、建設施工企業、施設運営企業といった専業組織によってリレーしてゆく活動構造です。この構造では、プロジェクト全体を見通す役割、成否や判断に関する責任所在が不明確となり、コンセプトの一貫性維持が構造的に欠落しています。前述の既往研究で述べた都市整備施策と整備の現実との乖離は、こうした段階構造に原因があります。

これに対しプロデュースの進め方を示したのが次頁図2です。横L字部分がプロデュースに該当します。各LEVELに展開しているSTAGE1の起案活動は、以後に続く段階活動の与条件となり、STAGE2〜5の推進活動がプロデュース対象を指導してゆく構造となっています。こうした間接的な関与の方法は、前述のプロデュースの7つの役割が該当します。さらにプロデュースの構造を実際のプロジェクトに即して表したのが次頁図3です。このプロジェクトの目的の実現に必要な環境建築、集客・経営等といったハード・ソフトに及ぶ段階活動を体系化し、これらを総合的にプロデュースしてゆく構造としています。このようにプロジェクト構造は、プロデュースとプ

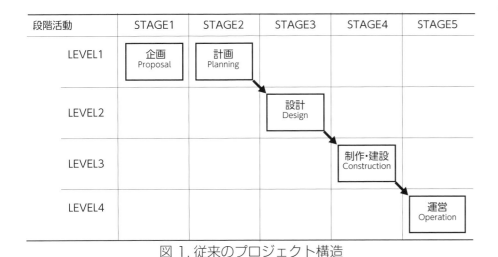

図1. 従来のプロジェクト構造

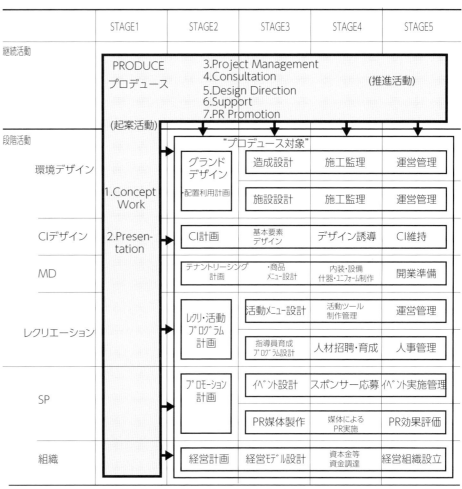

MD:マーチャンダイジング:生活者志向に適う適切な数量・仕様・価格で提供するための商品化計画や活動。
SP:(セールスプロモーション):展示会・イベント等を通じ、利用者の参加動機を促しなどの販売促進活動。

■図は、余暇施設で特にスキー場の再整備プロジェクトの事例をあげた。どんな仕事が必要かを考えると、まず敷地全体の利用計画を含むサイトデザインがプロジェクトの骨格として必要となる。これに従って造成と施設(上下水整備、熱源整備、電気、情報および建築)の活動が発生する。さらにスキー場のイメージづくりとしてのCI(コーポレートアイデンティティ)、ロッジおよび飲食・店舗・サービスのテナント構成、スキーのためのプログラムと指導員の育成、広告プロモーションや催事イベント、そして経営、これら多数の仕事を統括的にするのがプロデュース・システムである。

図2. プロデュースを導入したプロジェクト構造

図3. プロジェクトのプロデュース・システム

ロデュース対象である段階活動とが体系的なシステムを形成しています。以下にプロデュース・システムの特性についてまとめます。

### (1) プロジェクト性

プロジェクトは、日常の定型的活動と異なり、特定の目的、対象、方法、期間、組織といった要素を体系的にプログラム化し、従前とは異なる仕様、品質、価値を創造してゆくための非定型的な活動のまとまりです。そしてプロジェクトは、実現過程ごとの局面(STAGE)と、目的遂行や完成の度合いを表す(LEVEL)の2カテゴリーのマトリックスで捉えられます。プロデュース・システムは、こうしたプロジェクトを単位とする活動です。

### (2) 総合性

余暇施設整備プロジェクトのプロデュース対象は、環境、CI(コーポレートアイデンティティ)などのデザインの他にマーチャンダイジング、レクリエーションプログラム、セールスプロモーション、経営といった非デザイン活動があります。プロデュースは、こうしたプロジェクト対象の諸活動を統括し、調整し、助言したりできる総合的な立場に位置づけられます。これら諸活動をコラボレーションしてゆくことがプロデュース・システムの役割です。

### (3) プロデュース・システムについて

プロジェクト目的に応じ、先に定義したプロデュースとプロデュース対象である段階活動とが関連づけられ、プロジェクトを運用してゆく体系がプロデュース・システムです。従来手法が各活動段階を直線的にリレーしてゆく構造であるのに対し、プロデュース・システムは、プロジェクト全体をあらかじめ体系的に構造化してゆくことが特徴です。

## 1.3.4 関連する概念との関係について

企画という概念があります。企画の定義を引用[注17]すると「ある課題を達成するため、なすべき仕事のイメージを描き、全体又は細部に渡る構想を練って取りまとめた提案及びそれに至る過程」とあり、プロデュースの立案活動に該当します。したがって企画は、プロデュース活動の一部を表す概念です。またプロデュースはプロジェクト全段階に関与し実現責任を負うのに対し、企画はプロジェクトの部分関与であり、以後の実現責任を伴わない活動です。これがプロデュースと企画との相違です。

最近米国産業界で用いられだした概念に、プロジェクト・マネージメント(PMという)があり、社会的な動きもみられます[注18]。PMの定義[注19]をみると「PMとは、一連の技法、プロセス、システムを駆使して、プロジェクトを効果的に計画、実行、管理することである。」とあり、プロジェクトを推進してゆく点ではプロデュースの統括活動に該当します。だがPMには、デザイン管理といったディレクションやPR・プロモーションといった活動はみられません。したがってプロデュース活動の部分を表す概念であるといえます。

これらの概念は、デザイン開発におけるソフトな活動傾向を示唆していると捉えられますが、プロデュース・システムの役割の一部でしかありません。これに対しプロデュース・システムはプロジェクト全体を包括できる概念であり構造です。

## 1.4 プロデュースワークとデザインワークの相違

実際に行われてきたプロジェクトとデザイン分野との関係をみたものが次頁表4である。表4はプロジェクト関連の文献[注20〜26]を用いて作成したものです。例えば建築分野の項目を横方向にみてゆくと、工場、ショールーム、駅舎、余暇施設、再開発ビル、パビリオンといった具合にデザイン活動が発生していることがわかります。これらは用途や種類は違うが一般的な建築事務所の活動履歴を表したものです。一方縦方向のプロジェクトでみれば、鉄道事業民営化の場合ではTVCF、鉄道車両、駅舎、CI等といった

表4. デザイン分野とプロジェクトの関係

| | | プロジェクト | 商品開発(自動車) | 鉄道民営化 | 余暇施設開発 | 都市再開発 | 国際博覧会 |
|---|---|---|---|---|---|---|---|
| 継続活動 | | **PRODUCE** | | | | | |
| 段階活動のデザイン分野 | コミュニケーションデザイン | グラフィック | 広告販促物等紙媒体制作等 | 駅舎サイン等のCIデザインや商標設定 | シンボルマーク・カラー・イメージ等のCIデザイン | サイン、バナー等の環境演出要素等のデザイン | シンボルマーク基本要素、サイン会場CIデザイン |
| | | イラストレーション、パース | 広告販促物制作等 | 広告販促物制作等 | PRプロモーション紙媒体の制作、 | 広報PR案内情報紙等 | 広報誌等のデザイン制作 |
| | | アニメーション・コミック | イメージ・キャラクター設定 | イメージ・キャラクター設定 | イメージ・キャラクター設定 | PRプロモーションアニメの作成 | シンボルキャラクター・デザイン |
| | | 映像・写真 | TVCF等映像媒体制作 | TVCF等映像媒体制作 広告販促物制作 | PRプロモーションや建設記録の撮影 | 広告販促物、案内情報冊子、記録撮影 | TVCF、プロモーション、記録展示映像製作 |
| | | タイポグラフィー | ロゴタイプ制作 | CI書体設定や切符等のロゴタイプ制作 | サイン、CI仕様書体の選定やデザイン | サイン書体などの設定やデザイン | サインやCI書体デザイン |
| | | エディトリアル | 広告販促物 マニュアル制作等 | 広告販促物・情報誌 旅行案内誌等の編集 | 広告販促物、ニュースリリース等のデザイン | サイン、広報案内情報誌等のデザイン | CIマニュアル、記録図書、案内書等の編集制作 |
| | プロダクトデザイン | インダストリアル | 自動車自体の製品開発 | シート生地のデザイン | リフト・遊具の開発 | 街具などのデザイン | 展示機器・什器の制作 |
| | | クラフト | ステアリング・コンソール等のデザイン | イベント車両の内装制作 | 遊具・サインのデザイン | 店舗・住宅の家具什器デザイン | 展示物等の制作 |
| | | テキスタイル | シート・内装素材デザイン | シート生地のデザイン | バナー等の環境演出要素の生地デザイン | バナー等の環境演出要素の生地デザイン | 展示装置の制作等に関与 |
| | | ファッション | 販売スタッフユニフォームデザイン | 社員やパーサー、作業スタッフのユニフォームデザイン | スタッフユニフォーム、チケットフォルダー、等のデザイン | 販売スタッフユニフォームデザイン | コンパニオン、スタッフユニフォームのデザイン |
| | | パッケージ | ノベルティ商品等のデザイン | 特産品駅弁等のパッケージデザイン | ノベルティ等の商品開発のデザイン | ノベルティ商品等のデザイン | オリジナル、オフィシャル商品開発やデザイン |
| | 環境デザイン | 建築 | 販売店、ショールームのデザインと施工の監理 | 駅舎、駅ビル等のデザインと施工監理 | グランドデザインや建築施設群のデザイン | マスタープランや建築施設群のデザイン | 展示パビリオンのデザインや施工監理 |
| | | ライティング | 販売店、ショールーム、展示デザイン | 駅舎の照明デザインや季節イベント演出等 | 夜間利用の照明デザイン | ライトアップ、催事演出等の照明デザイン | 会場や祭事の演出、照明機器デザイン |
| | | インテリア・ディスプレイ | 販売店ショールーム、展示会場のデザイン | キオスクやサービス施設のデザイン | 施設内装デザイン | 個々の店舗、ホテル、住宅群の内装デザイン | 展示ディスプレイのデザインや施工監理 |
| | | 都市・アーバンデザイン | 総合的交通システムの体系化や整備 | 交通体系の整備やパーク&ライド等のシステム | グランドデザイン | マスタープランなど空間上の総合的なデザイン | 会場総合マスタープランの作成 |
| | | ランドスケープ | 道路景観の修景 | 橋梁デザインや駅舎回りの修景デザイン等 | 緑地や修景装置のデザイン | 外構、街路、公園等のデザイン | 会場修景デザインや環境街具のデザイン |

複数分野のデザイン活動がみられます。プロジェクトを推進してゆく立場から見れば、異なる分野のデザイナーを複数起用し、デザイナー間を調整するといった活動が必然的に発生してきます。こうした活動をコントロールしてゆくのがプロデュースワークです。プロデュースワークとデザインワークとの相違を概念的に示したのが図4です。

冒頭で述べた異分野参入は、例えば建築専業の事務所がアーバンやランドスケープといった隣接分野に参入する、あるいはプロダクト専業デザイン企業がそのスキルを生かしてビジュアルや建築といった他分野に展開するという具合に、デザインワークの延長として捉えることができます。デザインワークの異分野参入も展開分野の範囲を広げてゆくと、複数分野のデザインを統括してゆく必然性が生まれ、プロデュースワークに近づいてゆきます。プロデュースは、このような異分野参入の過程において発生してきた方法だといえます。

## 1.5 プロデュース・システム・モデルの提案

これからのプロデュース・システムのモデル化に際し、デザイン3分野(コミュニケーション、プロダクト、環境)で提案されている示唆的なプロジェクト事例があります。これらプロジェクト事例の特徴を述べながら、今後に可能性として考えられるプロデュース・システムの概念的なモデルを提案し

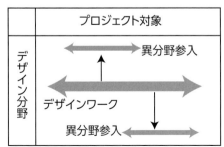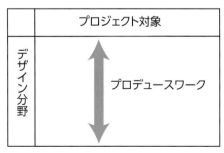

図4. デザインワークとプロデュースワークの相違

てゆきます。

### 1.5.1 コミュニケーション分野 - 事例 1.

現代社会で大量消費されている紙の原料確保、途上国の食糧確保に起因する焼き畑農業、燃料不足による薪炭材の採取等による森林資源の大量伐採が行われています。その結果、森林資源は減少し温室効果ガス排出による地球温暖化を招いています。こうした人間と環境との悪循環を改善し、持続可能なシステム形成を目指しているのが、図5-1に示すグラフィックデザイナー森島紘史氏によって1999年頃から進められている「バナナ・グリーンゴールド計画」プロジェクトです。

このプロジェクトは開発途上国で実施され、実際の活動内容を資料[注27]でみると、ゴミとして捨てられていたバナナの茎と葉を再利用し、無農薬、無エネルギーによる紙と布づくりの活動を行い、これを生産する農業と工業とを融合させたバナナ工業農園の建設や農村部雇用の創出、生産された紙・布による輸出代価の児童教育環境等への還元、人材育成による開発途上国の自立支援などがあげられています。現在中南米を中心に9カ国、11回の技術指導、非木材紙に関する技術開発8項目、著書出版論文等による発表8項目、内外の報道機関へのプロモーション等が40項目あります。

この事例が示唆的なのは、エコロジカル産業形成のプラットフォームをシステムとして構築していることです。その基盤が、古くから用いられてきた紙・和紙製造の伝統技術を発展させながら、簡易な装置や設備で実現できる汎用性のある廃棄物利用技術です。こうした利用技術は、開発途上国において比較的容易に受け入れられることを可能にし、さらにエコロジカル産業の育成、雇用創出、教育といった地球環境問題や南北問題の解決に貢献できるシステムのプラットフォームといえます。さらにメディア媒体を通じたプロモーション活動による環境問題などの社会的衆知や啓蒙と合わせながら、複数の途上国に対し同時的に展開できるグローバルWEB時代のプロデュー

図5-1. 事例1.バナナ紙プロジェクト

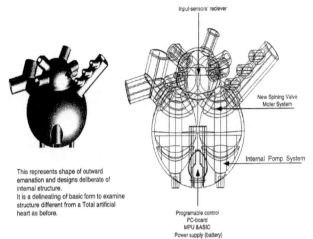

図5-2. 事例2.人工心臓プロジェクト

図5-3. 事例3.仮設型施設プロジェクト

図5. プロジェクト事例

ス・システムの姿を示唆する事例といえます。

### 1.5.2 プロダクトデザイン分野 - 事例2.

すでに医用工学領域では、現時点で応用可能技術を用い人工心臓開発が試みられています。図5-2は位相幾何学の理論を応用し光造形システムを用いてデザインされた人工心臓のプロトタイプであり、プロダクトディレクター川崎和男氏によって提案されました。

この提案の特徴は、最初に人工心臓の理想型を提案し、実用化に向け必要とされる研究や技術開発の動機づけ、開発目的や方向の設定を通じ明らかにしたことです。この提案論文［注28］では、今後に研究開発の必要な要素として、複数の心臓にするなどの構造やバルブ機構の耐久性や柔軟性といった工学的機構と素材開発、血液特性を踏まえた流体力学に関する研究開発、心臓を動作させる電源としてプルトニウム238を用いた原子力電池の研究開発、環境や健康状態に適応できる動作が保証できる生理学や神経学の研究開発を目標にあげています。

これまでのデザイン開発では、工学を始めとする他の科学技術領域の研究成果をインポート(輸入)し、これにデザイン操作を加え、製品または商品として社会へエクスポート(輸出)するというフローが形成されてきました。これに対しこの人工心臓の提案は、従来のインポートに加え、新たに医学や原子工学といった広い科学領域・分野に対し研究開発モデルを提示し、今後に必要な研究や技術開発の方向を提案してゆく新たなフローの存在を明らかにしています。こうしたフローを従来のデザイン・フローであるエクスポートと区別し、リエクスポート(再輸出)と定義します。リエクスポートという概念は、デザインが諸科学の応用分野といった位置づけから転じ、諸科学に対しデザインの立場から主体的に働きかけようとする新しい活動です。今後研究開発の方向を提示することに加え、人工心臓実現のために科学技術領域の研究組織を統轄し推進してゆくといった主体的な活動が構築されるので

あれば、それはまぎれもなくプロデュース活動に該当するでしょう。

### 1.5.3 環境デザイン分野 - 事例3.

1990年代中頃から、低容積型施設が都市部につくられ始めました［注29］。この背景には、従来の都市開発制度への反省があります。例えば都市再開発法は都市空間の高度・高密度利用を目的とし、公開空地や建築壁面線後退制度では、良好な都市環境形成を実現する一方で、やはり容積率の割り増しをボーナスとして開発者に与えるなど、都市空間や都市需要のスケールメリットを追求してきました。だが現在の低成長経済下では、都心空地が数多く発生しています。また消費需要を商業でみると、1997年の全国世帯店舗向け年間支出額と小売業年間販売額とをマクロ比較した場合［注30］、世帯店舗向消費支出額131兆9,241億円 - 小売業販売額147兆7,541億円 =-15兆8,300億円となり、過剰消費や過剰店舗を裏付けています。

こうした状況のなかで低容積型施設は法定容積率を下回る規模で計画され、おおむね15年程度で取り壊すことを前提にした事業目標を設定し、低建設コストの仮設建築物とする一方で、デザインを重視した広場やパッサージュ等といった環境デザインに配慮し、イベント等の催事マネージメントを行いながら地域の実需にかなった施設づくり行っています。

図5-3は、名古屋市金山駅北口地区で計画［注31］している低容積型施設の初期スケマティックデザインです。法定容積率800%に対し実際には200%程度の容積とし、低コスト仮設施設を意図しています。中央広場で賑わい性創出といった催事ビジネスを行い、駅利用者向けの利便性商業サービスを併設した経営をイメージしています。さらに2003年8月には、名古屋都市整備公社によって開発事業者選定のための提案競技が行われ、その際の応募要項［注32］では、低容積を条件としつつ都市基幹施設である自動車道路を廃して広場とするなど異例の土地利用の用途変更を行ってきました。このように従来の都市開発の考え方、制度、手法からリバース(反転)していることが特徴です。

### 1.5.4 プロデュース・システムのモデル化

前述した各3事例に対応した将来のプロデュース・システムの概念的なモデル構造が次頁図6です。各モデル構造について述べます。

(1) プラットフォーム・モデル

図6-1のプラットフォーム・モデルは、同質の内容を、同時に複数の国家といった異なる空間に展開してゆくプロデュース・システムが今後に予想できます。これを可能にしているのがグローバルWEBや、各国で共通して扱うことができる容易に技術移転可能な汎用性あるプラット・フォームです。このモデルには運動体としての広がりが予想され、プロジェクト期間や完成時期といった時間的要素は存在しません。国家といった異なる空間に対し、複数のプロジェクトを同時進行させようとする運動体的なプロデュース・システムの可能性をもったモデルです。

(2) リエクスポート・モデル

図6-2のリエクスポート・モデルは、コンセプト、イメージ、スケマティック・デザイン(概要設計)、物や空間のプロトタイプといったデザイン分野固有のシンボル操作によって、特定対象の製品や空間のプロトタイプをリエクスポートし、デザイン分野の外側にある諸科学分野の開発動機を促進し開発方向を示すことを期待しています。そして他領域の諸科学分野を編成し、統括し、将来に実現を期待するモデルです。その結果が実現につながる場合もあり、また別の開発促進を媒介するといった波及効果もあるでしょう。このモデルは、従来のデザインのように即実用化という制約や条件から開放される分、提案の幅を拡大できるモデルです。

(3) リバース・モデル

図6-3のリバース・モデルは、特定の対象を扱い、これまで定型化されてきた基本的な考え方、制度、建設、経営を見直し、従来と逆の方向を目指す

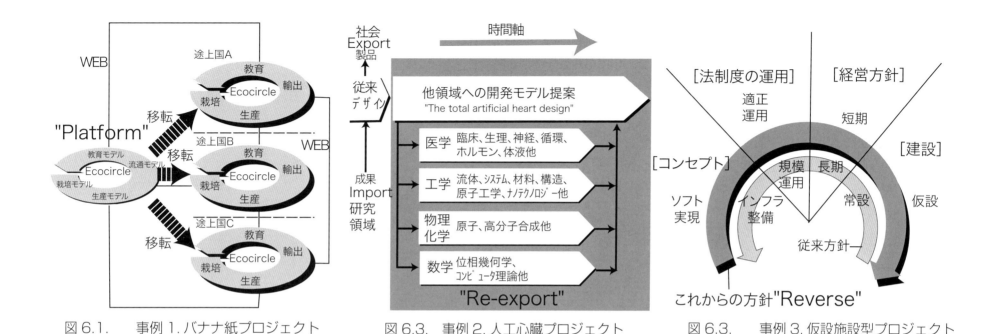

図6.1. 事例1.バナナ紙プロジェクト　　図6.3. 事例2.人工心臓プロジェクト　　図6.3. 事例3.仮設施設型プロジェクト

図6. プロジェクト事例のモデル構造

など、社会変化に応じプロジェクトの考え方や方法をリバース(逆転)させてゆこうとするモデルです。後にこうした進め方が既成事実化され、従来の法制度等といった構造の改変を後付け的に追随してくる事を期待する面があります。さらに従来から自明のこととされていたプロジェクトは実現化を目指すといった考え方自体も、実現の必要性が稀薄であればプロジェクトを中止、廃止といった提案をすることもプロデュースの対象となるモデルです。

(4) 各事例 - 各モデルの位置付け

プロジェクトの基本要素である時間軸と実現される空間・対象軸との2軸で前述3モデルの概念を位置付けたのが図7です。時間軸は期間内でプロジェクト活動が完結する場合と、完成時というものがなく連続的に活動が展開される場合とに、また空間・対象軸は実現する物・空間・場所が同一であ

|  | 同一 | 異 |
|---|---|---|
| | 第4象限　事例3. Reverse | 第1象限　今後に出現 |
| | 第3象限　事例2. Re-export | 第2象限　事例1. Platform |

図7. 事例 - 各モデルの位置づけ

■時間軸：プロジェクト実施期間/完結：完成時期があり、それまで活動が完結される場合/連続：時期がなく連続した活動がなされる場合。

■空間・対象軸：プロジェクト対象/同一：物・空間・場所が単一もしくは同一であること/異：物・空間・活動場所が複数もしくは異なっていること。

る場合と、異なる場合とにカテゴライズし4象限を設けました。その結果、事例1-プラットフォーム・モデルは同質の活動が連続して展開され、その対象は複数の国家というように空間的には異なり第2象限に該当、事例2-リエクスポートモデルは、将来開発に期待するというように時間的には非限定であり連続に該当、実現対象が人工心臓といった同一物であるので第2象限に該当、事例3-リバース・モデルは定められた期間内で活動が完結し、対象も場所として特定されているので第3象限に位置づけられます。実際に建築デザイン開発における他の多くのプロジェクトもこの第3象限に位置づけられます。このように各モデルを位置づけてゆくと、第1象限の時間軸で完結し、空間・対象軸が異なるといったワールドワイドなモデルの存在が伺えます。これに関する事例を本書では扱っていないのですが、今後に考えられるモデルです。

## 1.6　プロデュース・システムの役割と可能性について

　これまでの一連の考察をまとめ今後の課題について言及します。

　デザイン戦略は、ある目的や成果を上げるための業際的な活動の形成にあります。そのためにプロジェクトを発掘し、始動させ、一貫した方法をもち、体系的な活動を、多くの関係者達とコラボレーションしながら推進してゆくことがプロデュース・システムの役割です。さらに示唆的な事例を検証し、これからのプロデュース・システムとして可能性がある試論的なモデルの概念を提案しました。それが「プラットフォーム」、「リエクスポート」、「リバース」です。本書ではこれらの概念による体系的活動構造の構築を今後にゆだねていますが、抽出した概念はいずれも新たなプロデュース・システムが形成できる可能性をもった概念です。これからの戦略的デザイン開発の展開を考えてゆく際に有効な指針を与えてくれると考えています。

　最後にデザイン学における今後の課題を述べます。プロデュースはプロジェクトという単位で展開されます。このプロジェクト研究が海外［注33］と比較すれば現在のわが国では著しく不足しています。プロジェクト研究は、推進してきた組織や人間の功罪を問うのではなく、プロジェクトを構成する要素、構造、方法、役割、組織、詳細な費用、コンセプトの実現度、実現までの経緯と実現後の社会的評価や効果などを解剖学的に明らかにし、問題が発生すればその原因を究明し、将来のプロジェクトへの知見を得ることにあります。プロジェクトは、通常の定型活動とは異なり特定の目的達成のための不定型な活動であり、実験的性格が強いといえます。デザイン開発においてそうした実験的記録が組織の壁もありデザイン学研究として発表されるケースは少なくありません。我々はボーダーレスの時代だからこそ、これからも分野を超えた実験的プロジェクトに挑み続けるでしょう。プロジェクト研究を必要とする理由もここにあります。本節で明らかにしてきたプロデュースの概念や役割、構造は、そうしたプロジェクト研究の際の評価基準やフレーム形成に貢献することができるでしょう。

# Ch2. プロジェクト・マネージメントについて

2.1 プロデュースのなかの継続活動

　すでにいくつかの筆者らの論文等［注1］で述べてきたようにプロデュースには、大きく2つの活動と7つの役割(14頁表3)によってプロジェクトと関わってゆきます。プロジェクトを立ち上げる始動活動と、この役割である起案・提案、プロジェクトを実現してゆく推進活動と、さらにこの役割である統括・助言・制作管理・組織支援、衆知であります。前者の活動や役割については、前章や他書［注2］でも述べました。本節では、後者の活動を対象とし、名古屋市のアーバン・プロジェクト［注3］を事例としながら、本章ではプロジェクト推進の役割のひとつである統括＝プロジェクトマネージメントについて概説します。統括とは、プロジェクト全体の骨格となる活動内容を定め、実現のために専門組織を編成し、スケジュールや予算を管理し、各参加組織間を調整しながら、プロジェクト目標を実現してゆく役割です。プロジェクト推進活動では中心的な役割に位置づけられます。

　筆者は、1983年頃から1997年までプロデュース企業［注4］で研究開発デイレクターとして在職し、商業施設や都市開発といった環境デザイン分野のプロジェクト・プロデュースをしてきました。この企業では1970年頃から、商品デザイン分野を皮切りに建築、都市へと活動を展開させながらプロデュースによるデザイン実現を行ってきましたが、当時プロデュースに対する社会認識は必ずしも高いものではなかったと記憶しています。プロデュースが社会的に着目されだしたのは、1980年代です。最近では、わが国でもプロデュースという言葉を聞く機会も多いのですが、その過半はプロモーション的意味合いが強く［注5］、明確な方法やシステムが確立され社会的に実践し成果を上げているプロデュース・プロジェクト例［注6］は、海外に比べれば少ないといえます。

　プロデュースの統括と同様の考え方をもつのに、米国で発達してきたプロジェクト・マネージメント(以後PMという)という方法があります。このPMは、めまぐるしく変わるビジネス環境のなかで、これまでのマニュアルや経験・勘・度胸に頼らない、合理的で体系的な知識による科学的なプロジェクト実現の方法です。具体的には、スケジュール、コスト、品質に加え、プロジェクトをスコープという目的、範囲、費用といった目標設定自体を独立したマネージメントとして捉え、リスク、調達、組織、コミュニケーション等に関するマネージメントを包括した体系的でソフトなプロジェクト推進方法だといえます。1984年には、革新的なプロジェクトマネージメントの基準を体系化したPMBOK［注7］が出版されます。以後PMBOKは、米国のエンジニアリング、自動車、航空、製薬、建設、金融そしてソフトウェア開発といった広範囲な企業で取り入れられ、現在多くの産業・研究分野における米国の強さの形成に貢献しています。現在PMは、米国標準規格(National Standard)として、また国際標準ISO10006のベースとなるなど、事実上グロー

バルスタンダードとして認知されており、さらにPM専門職の資格制度が設けられ、この普及が行われています。遅ればせながらわが国でも1998年にプロジェクトを管理してゆく国際的な専門家団体PMI(プロジェクト・マネージメント・インスティテュート、本部は米国)日本支部が設立され、PMの国際標準資格(PMP)の普及に努めています。

わが国では米国PMより約15年先行し、プロデュースによるプロジェクト実現をしてきました。それが1970年に開催された日本万国博覧会です[注8]。プロデュースは、その後の国際博覧会でも用いられてきましたが、その後体系的知識の整備やプロジェクトへの適用、そして行政の制度化もなされず、産業や都市分野への普及も進まず、またプロジェクト関係者への認識も高まらないまま、旧態依然としたハード技術至上主義で現在に至っています。例えば最近の政府、企業、そして大学の研究活動の中心である、新素材や先端技術の開発現場では、PMのような開発プロジェクトをオペレーションできるソフトウェアがあって初めて可能になります。現代わが国の研究技術開発の現場でなされている活動において、ソフトなオペレーションによる具体的方法が用いられていることを聞かされたことは少ないです。プロジェクトをソフトとして捉えてゆこうとする米国の戦略と比較すれば、わが国は早くからプロデュース方法を実践してきたにもかかわらず、これを広く社会的制度として形成する努力を怠り、現在に至るまでプロジェクトを機械、土木、建設、情報といったハード技術実現を施策や制度の基本としている現状では、米国と比較し著しく遅れていると言わざるを得ないでしょう。

本章で扱うプロデュースの役割のひとつである統括は、PM概念と共通しています。しかしプロデュースが対象としているデザインでは、これに加え差異化という概念を伴います。特に商品開発やデザイン創造の世界では、他のデザインと差異化でき、そして市場で優位に立てるデザイン戦略が必須です。そのためには、前章で述べたコンセプト、イメージ、ポリシーそしてスケマティック・デザインの実現方法が必要であり、さらに推進面ではデザインを管理し、企業的な参加組織づくりや社会認識を得るための衆知といった役割が加わります。これらの活動を通じプロデュースが目指すところは、どうしたら他と差異化できるかにあります。したがってPMはグローバルスタンダード(世界標準)の一般化を目指し、プロデュースは一般化を敷延しつつ差異化の実現を目指すための方法を内包している点が相違点となります。

こうした認識を前提としながら本章では、プロデュースの活動の統括＝プロジェクト・マネージメントについて述べてゆきます。

## 2.2 プロデュースの必要性

最初に本章で事例に取り上げるプロジェクトの提案内容と、このプロジェクトを必要とする理由について概説しておきます。このプロジェクトは、当時名古屋市の地下鉄路線の延伸にともない市内に整備されようとしていた集合住宅事業であり、機能面では分譲集合住宅機能とテナント誘致による商業機能および路線バスの始発駅や地下鉄との接続といった交通ターミナル機能とを複合化しています。特に住宅や商業機能では、住宅分譲収益および商業テナント誘致による賃料収益とで、計画や建設といったプロジェクト費用をまかなってゆこうとするプロジェクトの経営構造が前提条件になります。現代の民間ディベロッパーによる開発では、こうした経営構造は一般的です。したがって分譲やテナント誘致面では、経済や市場原理が作用し、これにともない、例えば住宅では、購入予定者層である訴求対象の生活ニーズに適合し、これからのライフスタイルを先取り提案ができる商品価値のある住宅のデザイン開発が、このプロジェクトでは必須となってきます。

次頁図1 公団住宅デザインの変化は、住戸の平面プランで40年間の変遷を示したものです。図1a, 図1bは、1960年頃の標準設計プランです。平面計画の基本であるDining Kitchen(DK)や食寝分離を理念とする家族4人用

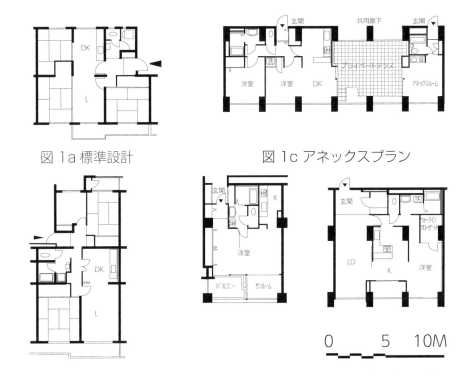

図1a 標準設計　図1c アネックスプラン
図1b 3LDK設計　図1d コンサバトリープラン　図1e 広い玄関プラン
図1. 公団住宅平面デザインの変化

のライフスタイルを想定した集合住宅です。こうした理念に基づきnLDKというデザインが、その後のわが国民間のディベロッパーらにも採り入れられて社会的に普及し、現在の一般的な住戸プランとして供給され続けています。住宅の大量供給を目的とした40年前のデザインが、時代や人々のライフスタイルが異なっている現代においても、なお供給され続けていることは、当初の標準設計の完成度の高さもありますが、その後の住宅を取りまく関係者らのステレオタイプ化した発想の所産でしかないともいえます。

こうしたなかでの新しい試みが、図1c～eの2003年に竣工した公団住宅の平面プラン［注9］です。大きな違いは、nLDKという従来からの空間構成の原理が稀薄で、各居室が等価な部屋として捉えられ、SOHO［注10］といった新しいライフスタイルを想定したデザインとしていることなどです。実際に入居者募集では、賃貸住宅であるにもかかわらず17～27倍の応募があったことからも、新しい住宅のデザインが人々に求められていることの証左だといえます。

これら2時点でみた公団住宅デザインの変化の背景には、ライフスタイルの多様化があげられます。従来の家族4人といった家族専用の単一住宅デザイから、少子化や無子化(子供のいない世帯)、グローバルWEB網の整備によって住宅を仕事場と住まいと兼用するといったワークスタイルの変化、住まいとしての機能や規模よりも居住者の志向を反映した性能やサービスを求めるといった志向性の変化、ドライエリアや吹き抜けを始めとする数多くのデザインボキャブラリーを暮らしのなかで生かしたいとするデザイン価値意識への高まり、といった変化などがあげられます。

筆者は、従来の基本的考え方であった床面積の規模的拡大や設備仕様といったハードウェア、ステレオタイプ化した量産的デザインによるコストダウン、ディベロッパーや設計技術者、営業マンの技術力や販売能力だけでは、住宅市場のニーズに応えられないといった住宅商品開発の現実があると判断しています。時代とともに人々のライフスタイルやワークスタイル、価値意識が変化しているのですから、当然居住者の期待に応えられる住宅の商品開発＝マーチャンダイジング(以後MDという)［注11］が必要になってきています。これまでに前例がない新商品開発を行ってゆくためには、発想も開発方法、そのための組織や販売方法をも新しく構築してゆく必要があります。そのためにプロデュースによるプロジェクト化とプロジェクトの推進とが必要になります。

## 2.3 プロジェクト目標

プロジェクト目標は、理由、目的、機能や特徴、開発の方向をコンセプトやイメージ等で示し表現したものの総体であり、プロジェクト推進過程では、指導理念や評価基準、そして推進のための諸活動の指針とされるものです。このプロジェクト目標の基本的考え方と実現すべきイメージを、筆者が作成し提案したのが図2、図3［注12］です。この提案の骨格は、実家から独立し新たな住まいの購入時期に該当するパラサイト(寄生)世代を訴求対象とし、このライフスタイルにかなった複合機能施設開発や住宅商品開発としています。

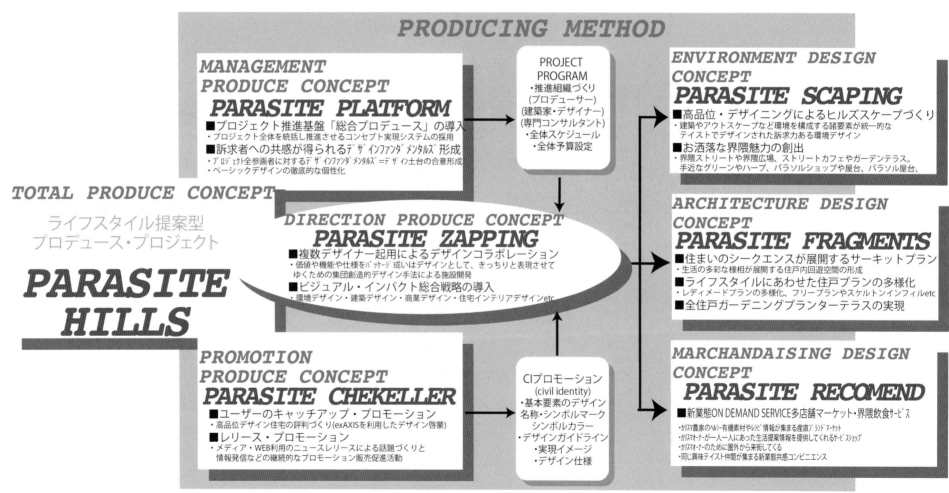

図2. 提案のためのコンセプトチャート

パラサイト世代とは、1970年代中頃から1980年代にかけて生まれた、団塊世代のジュニアに該当し、当時としては人口構成上も大きな数を占める訴求対象です。この世代のライフスタイル上の特徴は、もっぱら実家にパラサイト(寄生)し、親子で衣服を着回し、家賃、光熱費、食費、家電製品などを親にたよる一方で、自分の収入は車、ブランド品、デート、海外旅行などにつぎ込むといった消費志向があります。元来物や家という資産に恵まれた世代ですから、独立意欲や住宅の購入意欲が稀薄な訴求対象でもあります。こうした世代にあえて住宅を購入させるためには、MD手法によって彼らの志向性にかなった新しい住宅デザインをつくりだすことが必須です。提案したコンセプトでは7つの戦略的と、それらをビジュアル化したイメージをス

図3. 提案のためのスケマティック・デザイン

ケマティック・デザインとして表現しています。

　これらの提案に基づき、住宅の商品開発提案の一部が図4です。各提案住戸部分の床面積は80〜90㎡と共通しています［注13］。各住戸群は雁行配置としているために、各居室の2面採光が可能になり、また住宅棟の東、南、西配置が可能になるなど敷地上の制約が少ないデザインです。

　住戸内のデザインの基本的考え方を図4a プロトタイププランで示しました。この基本的考え方とは、第1にそれまでの住戸の基本である中廊下タイプから脱却し、新たにサーキットプランを骨格に据え、住戸のなかを回遊できる空間構成とすることで、フレキシブルなプランづくりを可能としていること。第2に従来からの各居室間の間仕切り壁を廃し、遮音性のある収納家具による居室相互の間仕切りとし、ライフスタイルや家族構成などに合わせたプラン変更が容易にできること。第3に、従来の食寝分離やnLDKにこだわらず、ここでは仕事による外部の生活と内部の生活との混在の度合いでゾーニングをしていること。外部の生活者の介入やときには家族内相互の干渉が制限されるプライベートスペース、家族全員で共有されると同時に(例えば行事・催事)外部からの介入が許されるといった複合的機能が発生するコモンスペース、仕事などによって外部の人間が介入し、また外部の仕事を持ち込める一方で、プライベートな介入が制限されるパブリックゾーンの3ゾーンとしています。そして公的から私的生活の度合いに応じた5プランを提案しています。第4に自由なプランを可能にするために、各プランに共通し、配管設備コアを室外に設置し、メンテナンスや将来の設備変更を容易にし、また共用廊下と住戸との縁を切ることによって、振動や騒音、あるいは外部からの視界や気配を緩和するといったスケルトンインフィル方式を採用しています。こうしたプロトタイプを基本的な考え方とし、居住者のライフスタイルを想定しながらデザインしたMDが、図4b〜図4fに示した住戸プランです。以下に簡単な各住戸プランの考え方を付しておきます。

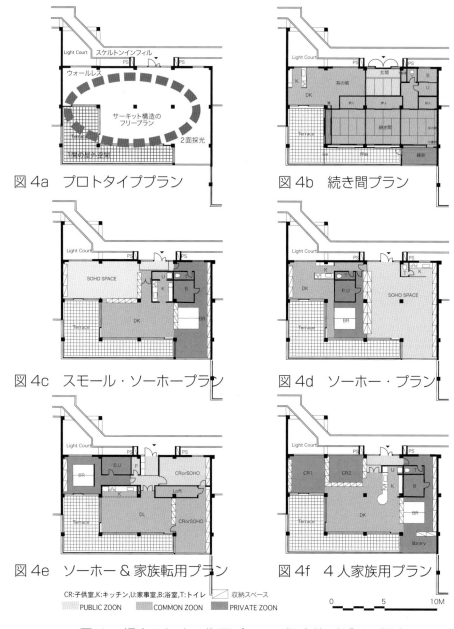

図4a　プロトタイププラン
図4b　続き間プラン
図4c　スモール・ソーホープラン
図4d　ソーホー・プラン
図4e　ソーホー＆家族転用プラン
図4f　4人家族用プラン

図4．提案のための住戸プランの概念的デザイン提案

図4b 続き間プランは、訴求対象層が50代と30代とに別れるために、上の世代を想定したプランです。従来の集合住宅では、取り入れられることが少なかった続き間を見直そうとしたもので、生活のハレとケといった生活行事の変化に対応でき、食寝分離はしつつもそれ以外の生活機能の混在を積極的に進めてゆくために、日本建築の伝統様式で応えようとした提案です。

　図4c スモール・ソーホープランは、SOHO化社会のディンクス層(子供のいない夫婦層)を居住者として想定したもので、公・コモン・私とがほぼ均等にゾーニングしています。ガラス張りの玄関からは、ゾーンに応じた動線が3方向に分岐し、仕事場へは下足のまま直接アクセスすることもできます。

　図4d ソーホープランは、プライベート＆コモンゾーンより、大きなパブリックゾーンを設け、広いSOHOスペースを確保しています。外部にオフィスを構える資金はないが、ホームオフィスでまとまった企業活動ができる起業家達を想定したプランです。職・住可能なソフトなオフィスといえます。このタイプは、実際に建てられ利用されている実例があります［注14］。

　図4e ソーホー＆家族転用プランは、3人家族を想定し、外部から室内を通らずに直接行ける小さな仕事場をもつことができ、子供室もあるといった具合に、仕事と家族とをバランスさせたプランです。仕事と家族とのライフスタイルに応じた容易なプラン変更ができることを考慮しています。

　図4f 4人家族用プランは、4人家族専用のプランです。子供の成長や独立に合わせた容易なプランの変更ができるために、可変的な収納家具による間仕切りとしています。

　そして全体のプロジェクトスコープは、パラサイト世代を訴求対象とする新しい住宅様式のMDデザインと、商業や交通ターミナル機能を訴求対象層と関連付けながら、総合的かつ高品位に実現してゆくことにあります。次章以降で、このプロジェクトを実現してゆく統括＝プロジェクト・マネージメントを概説します。

## 2.4　プロジェクトの活動体系

　目標が設定されたら、次にコンセプトの意図するところを適切に解読し、実現可能な具体的活動に置き換えてゆくことが必要になります。それを示したのが次頁図5のプロジェクトの活動体系です。このプロジェクトでは、パラサイト世代を訴求対象とする居住環境コミュニティ［注15］を、MDを用い高品位なライフスタイル実現をコンセプトとしています。ここでのMDは、訴求対象の志向性やニーズにかなったカテゴライズの設定や方向軸等を明らかにし、必要とされる住戸タイプのデザインや各タイプ構成などによる商品価値の形成すなわち高品位なブランド化戦略［注16］、各住戸の規模や設備仕様、提供されるサービスの水準、販売方法などの実現できる戦略活動が必要です。次いでMDによる成果を訴求対象に適宜、適切な情報を発信するとともに、販売戦略を促進し、環境面でのCIといった視覚的価値形成を目的とするデザインとしてパブリシティ(PD)などが必要になります。従来の住宅販売では、パンフレットなどによるパブリッシングが一般的でしたが、訴求対象は情報には敏感ですが、前述したように物質購入意欲が稀薄な世代あり、新しいパブリッシング方法の構築、効果的な媒体相互の組合せ、さらには社会的なムーブメントを形成してゆく戦略活動の構築が必要になってきます。そしてこれらの活動を内包できるランドスケープや建築といった空間構成要素の環境デザイン(ED)が必要です。こうしてコンセプトを実現できるMD、PD、ED分野の活動が抽出されます。

　このように大きな単位で分割された分野ごとの活動を、さらに細分化し、コンセプト実現に不可欠な活動のすべてを抽出してゆきます。抽出された諸活動は、活動分類ごとにプロジェクトの段階活動の場面(STAGE)に沿って構成されプロジェクトの全活動が体系化されます。これが図5に示

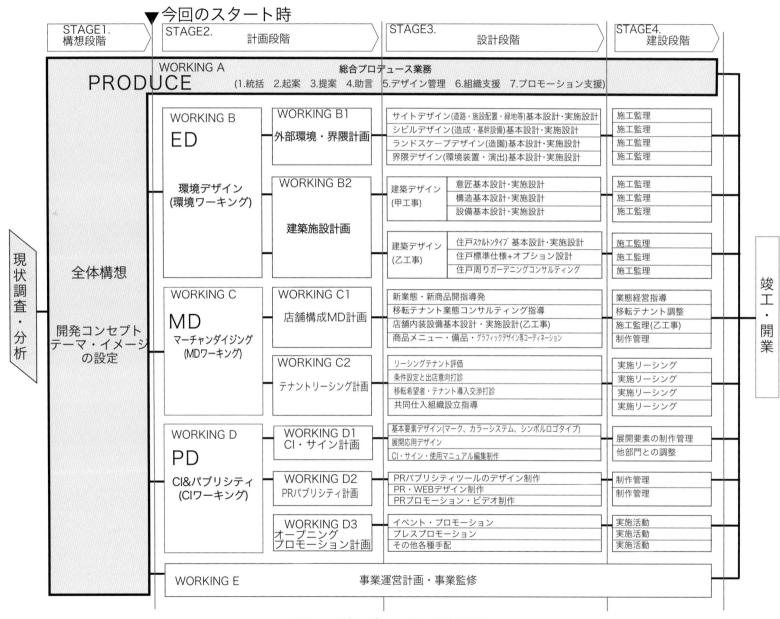

図5. プロジェクトの活動体系

したプロジェクト活動体系です。こうした技法を一般的には、WBS(Work Breakdown Structure) といいます。

## 2.5 プロジェクト・スケジュール

前節で抽出したプロジェクト活動体系の全活動を、何時までに行えば、コンセプトに基づくプロジェクトを実現できるかを示した時間の見積りが、プロジェクト・スケジュールです。通常ネットワーク工程表と呼ばれ、ガントチャートを用いて表されます。

### 2.5.1 スケジュールづくりの基本的考え方

最初にプロジェクト全体スケジュールの基本的考え方を概念的に表したのが図6です。プロジェクトでは、活動内容の異なる多分野・領域の活動を包括できることが必要です。そのため、プロジェクト全体を包括できる、最も長期にわたるプロデュース活動がクリティカル・パスに位置づけられます。さらに各段階では、事業主体へのプレゼンテーションや意志決定といったマイルストーン(里程標)というプロジェクトの節目があります。細分化された段階ごとの諸活動は、マイルストーン(里程標)を目標にしたスケジュールをつくりあげてゆくことが必要になります。実際には各活動が、ほぼ同時期にマイルストーンに到達できるように、後の行程に影響を与える可能性(建築現場などでは最早開始、最早終了、最遅終了、最遅開始といった時刻で作業時間を管理してゆきます[注17])。このほかに活動間の関連性、内容面での重要性、優先順位といった視点を評価しながら作成をしてゆきますので、プロデュースの実際は大変複雑なスケジュールになります。そしてマイルストーンであるプレゼンテーションと事業主体による意志決定がなされれば、次段階の行程に進むことができます。

さらにプロジェクト活動では、依存関係という概念が発生します。これは、先行する活動が終了しないと次の活動を行うことができない性質がある関係です。例えばMDデザインの結果、住まいの購入者の意志を反映させたフリープランが有効であるといった結論に至ったとします。スケジュール上建設工事途中の内装工事が始まるまでには、住み手が決まりフリープランの設計や仕様がフィックスされている必要があります。それ以前には、購入希望者に対するフリープランの募集をしていなければなりません。さらに社会的に衆知される速度を勘案すれば、遅くとも建設以前の計画・設計段階から入居者の募集を実施してゆく場合もあります。こうした行程に乗らなければ、フリープランを諦めるか、建設スケジュールを延ばすかの選択に迫られます。後者の場合は建設費増につながり、最終的に住宅分譲価格に跳ね返ったり、予定していた時期に入居できなかったりといった事態を招きます。

### 2.5.2 プロジェクト・スケジュールづくり

次頁図7は、ガントチャートと呼ばれるプロジェクト全体の活動スケジュールです。横軸に時間を、縦軸に活動をとり、着手から完了までの所要

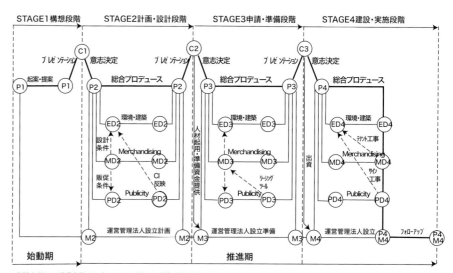

図6. プロジェクト・スケジュールの概念

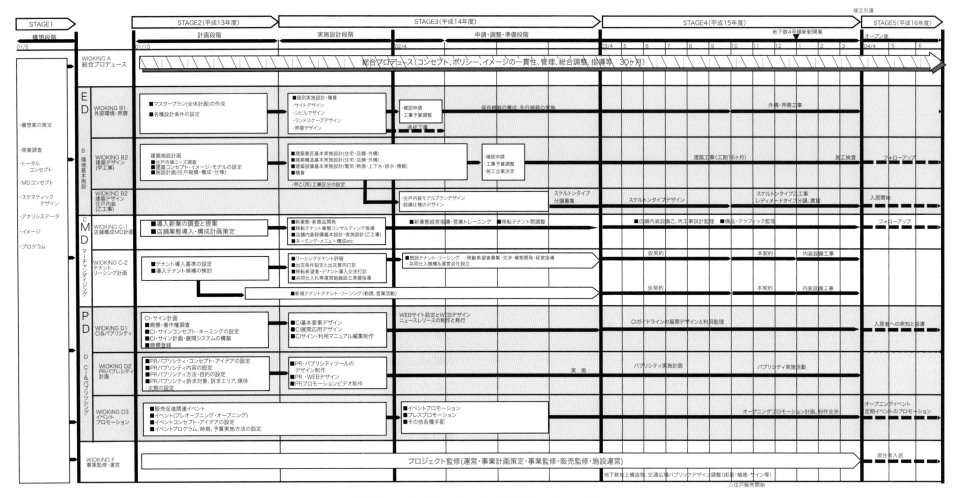

図7. プロジェクトの全体スケジュール

時間をバーの長さで示しています。一般にスケジュールからみたプロジェクト活動の捉え方には、可変的活動と固定的活動とがあります。可変的活動とは、人工を倍にすれば所用時間を1/2にできる場合であり、そうでない場合を固定的活動と呼びます。例えばトラックの運転手を二人に増やしたからといって、所要時間が半分になるものではありません。同様にプロデュースも

デザインを始め、多くのクリエイションといった活動を内包していますので、デザイナーを倍にしたからといって時間の短縮はできませんので、固定的活動に該当します。固定的活動ですから、各活動は、スケジュール上に与えられた時間のなかで確実に完了してゆくことが義務づけられます。プロデュースの立場では、もし段階ごとの個々の活動の完了時刻が遅延すれば、建設工

事のように人工を増やして遅延回復をすることはできませんから、工程の一部を省略し、個々の活動主体を変えるか、プロジェクト期間の延長という高度な判断に迫られます。

　図7では、前述した活動内容の体系に基づき、多分野・多領域の活動のすべてを時間軸上に表し、さらに次段階との関連や依存関係といった要素を踏まえながら作成したスケジュール表です。

　STAGE1は、構想立案や提案の始動期でありすでに終了していますので、本章で述べているプロジェクト・マネージメントは推進活動であるSTAGE2の計画・設計段階から始まります。ここではMDを中心に商業や住宅の計画・設計条件が検討され、環境ではランドスケープや建築のデザイン、さらにはパブリシティ、特に商標に関連するシンボルマークやネーミング、以後の施設デザインや広告のための具体的ガイドラインなどが決められます。プロデュースの立場では、始動活動で提案したプロジェクト目標にしたがって、多分野・他領域の専門家やデザイナーに対しプレゼンテーションし、衆知させるといったコンセプトの一貫性を管理してゆく活動が、このSTAGE2からプロジェクトの完了まで続きます。

　次段階STAGE3では、設計はもとより大規模商店法や開発や建築関連の法規に基づく各種申請、テナント・リーシング、施設詳細設計、周辺地域との調整、運営会社設立のための人材起用、定款、資金調達といった準備が必要になってきます。特に法規的申請や地域調整は長い時間を要するために、施策化されしだい速やかに行われます。またパブリシティでは、住宅分譲や商業テナント・リーシングのためのツールの制作がなされ、社会的な認知や話題づくりとしてパブリシティ活動が展開されるなど、このSTAGEの活動は大変重要です。前STAGEでデザインされた建築実施設計図書は、単に建設のためだけではなく、テナントリーシングやパブリシティといった活動においても重要なツールのひとつとなります。このように多分野・多領域の諸活動の成果などを相互に関連させ相乗効果を形成してゆくところにプロデュースの役割があります。

　プロデュースの立場からみれば終わりに近いともいえるSTAGE4ですが、工事現場では重機が盛んに動き、しだいに鉄骨が立ち上がり、通常一般の人々の前にプロジェクトが姿、形となって現れてくるのがこの段階です。MD面では、商業テナントの候補も決まり商品構成や内装設備工事等の協議や設計、そして工事が建築本体工事と関連付けられながら始まります。パブリシティも盛んで住宅分譲販売もこの時期が最盛期となります。商業テナントや住宅入居者との契約交渉や締結業務が多数発生しますので管理運営企業の活動も活発化してきます。このSTAGEの後半になると、商業テナントは販売シミュレーションや商品構成といった開業準備や個別的なパブリシティを行い、施設の完成とともに各店舗の営業が始まります。

　こうした活動の多様さゆえプロデュースは時間的に多忙ですが、役割としては多分野の活動と比較し相対的に小さいといえます。そのなかで唯一重要な活動は、プロジェクトの記録と検証があげられます。プロジェクトの記録をとどめつつ、所期のプロジェクト目標に対しどの程度実現されているかを検証してゆく活動が重要です。特にわが国の場合、プロジェクト後は担当者も部門部署を移動し、膨大な記録資料も目録のないまま倉庫に投げ込まれ、再び省みるということはないというのが現状です。昨今のTVメディアにおけるプロジェクトの情緒的なストーリーといった視点ではなく、またプロジェクト成否の責任を問うのでもなく、プロジェクト推進に作用した力やその要因などについて科学的見地から検証し評価し、今後の知見を得てゆくことが必要です。プロジェクトは、日常のルーティンワークと異なり特定の目的、組織、期間、そして場合によっては新たな方法を開発し、推進されてゆくがゆえに、関係者のスキルが集積された記録は、今後のプロジェクトに生かせる情報として編集されてしかるべきです。

## 2.6 プロジェクトの推進体制

プロジェクト活動は、相互に関連づけられてこそ相乗効果を期待できるわけであり、具体的には、プロジェクト参加者の起用と役割分担が必要になります。そのためには、プロジェクト推進活動に対して、どんなスキルで貢献できるかといった参加者の能力や適合性の評価が重要になってきます。さらに各参加者相互のスキルをコラボレーションできるシステムが必要になります。このような参加者の特性を見極めたうえで作成されるのが、図8で示した指揮系統図です。各活動主体は、事業承認者、プロデュース統括者、制作や実行責任者であるディレクター、諸作業の検討者、専門以外のスキル提供や第三者的立場から客観的な発言のできる助言者などで構成され、そして担当作業組織の各役割に応じたシステム上の位置づけが決まってきます。

プロジェクト参加者の役割で分類すると、プロジェクト全体を指揮統括しコンセプト実現責任をもつプロデューサー P(Producer)、営業や設計の現場で指揮をとる実行や制作の責任者であるディレクター D(Director)、当該活動に参加する数多くの専門家等 SME(Subject Matter Export)のほかに、事業主体でありプロジェクトの最重要な意志決定を行う承認者 A (Approver)、プロジェクトの外部から客観的な助言を行い相談に関与する N(Notify)、そのほかに検討に参加する R(Reviewer) がいます。実際にはコンセプトに基づき起用したい参加メンバーを募り、または打診し、選定し、役割と責任の範囲を明確化してゆきます。このプロジェクトのデザインの場面では、訴求対象の共感が得られるデザイナーや建築家の起用が必要かつ重要です。

組織面では、事業主体のもとにプロジェクト目標実現責任があるプロデューサーが位置し、ついで下位に専門性あるスキルによって具体的な姿・形といった制作・実行責任者であるディレクターが、活動体系の分野ごとに編成されます。こうしてプロジェクト推進の骨格となるプロデュース・システムが形成されます。このシステムの外部には、助言者やリーシング、パブ

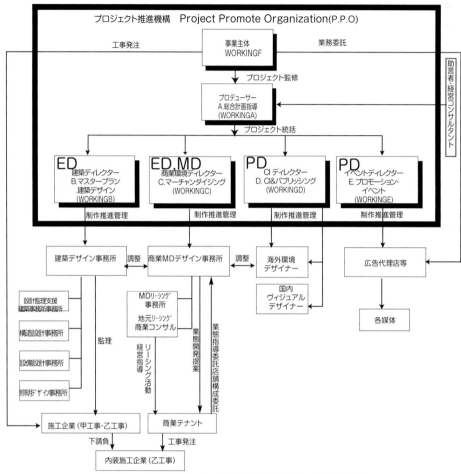

図8. プロジェクトの推進体制と指揮系統

リッシング、デザインの専門組織や建設・運営といった実行組織が、ディレクターのもとに配置されます。こうした組織編成を起動させるためには、誰の要請や指示で活動し、その経過や成果が報告できる指揮系統の構築が必要です。

わが国の場合、こうした指揮系統と設計や建設のための契約や資金の系統とは、必ずしも一致していない場合があります。今後指揮と契約系統とが一

致できるプロジェクト・システム化や制度化が課題になるといえます。例えばアメリカの都市再生プロジェクトを行っているラウス社のように、歴史的建築資産の評価、再生の道筋の設定、開発の起案から推進そしてその後の運営までを一貫して行っている場合もあります。

## 2.7 その他の推進活動について

本書では、紙数も増えるために述べていなかった統括活動のなかで重要な活動として、プロジェクト経営のための活動があります。これには2つの活動があります。

第1は、前述した活動体系に従って必要とされる費目の設定や費用の合理的な算出です。典型的費目には、人件費、技術費、建築設備工事費、管理費、外注費、プロデュース費などがあげられます。特に企業や公共の組織において社員や従事者がプロジェクト・メンバーとなる場合では、従事者の人件費を、従事組織側で計上するか、あるいはプロジェクト側組織で計上するかでプロジェクト予算額が異なってきます。一般的には、組織内にプロジェクト推進部門がありますので、企業組織側で人件費は計上されています。

第2は、作成された予算を執行した結果どんな効果が期待できるかをあらかじめシミュレーションするフィジビリティ・スタディに関する活動です。効果を計る指標としては経営的指標が主となります。あらかじめプロジェクト推進にかかるイニシャルコスト(投資費用)とプロジェクト完遂後に運営事業などによって収入として予想できるランニングコスト(収益費用)とを、プロジェクト開始に先立ってシミュレーションを行います。ここでのシミュレーションは、資金調達先やその金額と金利などを前提条件とし、プロジェクトにかかるすべての費用をイニシャルコストとして計上し、運営後に予想される住まいの分譲価格や賃料といった収益とを年度単位で比較し、黒字変換年度、借入金返済年度などの経営状況を予想します。これによってプロジェクト推進の判断のひとつに供します。当然シミュレーションは、社会の景気動向に左右されます。

このようにして、プロジェクト推進活動では、予算に従いプロジェクトを管理し、弾力的で速やかな予算執行を行ってゆきます。プロジェクト経営は、事業主体の判断を左右する大きな活動といえ、それだけに文献も多く詳細は類書に譲ります。

## 2.8 まとめ

プロジェクトは、独自の製品や施設そしてサービスなどを創造するために行われる期間が限定されている活動です。そのため日常の定型的活動(ルーティンワーク)とは異なり、特定の目的、組織編成、期間、方法をもっています。プロジェクトの最初に行われるプロデュースの始動活動では、誰を対象としどんな期待に応えてゆくかを明らかにした目標の創造と設定が必要になります。この目標を実現してゆくことがプロデュースの推進活動です。プロデュースの推進に先立ち、プロジェクト目標を解読し、何を、いつまで、誰が行うかとする活動体系、活動スケジュール、活動のための指揮系統をつくり、このために必要とされる予算のシミュレーション結果に基づく費用を算出し、コラボレーションできる合理的かつ整合性ある活動のシステムが構築されます。こうした一連の役割を果たしてゆくのがプロデュース推進活動の統括＝プロジェクト・マネージメントです。

project の ect には、外側という概念があります。私達の日常生活の外側からやってくる、あるいは外側の世界に働きかけようとする活動は、未知の要素が多いゆえにリスキーだといえます。したがってプロジェクトには成否という評価が伴います。成否を分ける要因は、プロデュースやプロジェクト・マネージメントの有無だというのが本章の結論ですが、その基本は人間のプロジェクトに対する意識に起因します。プロジェクトを推進する事業主体や

参加する専門家等の意識を見分けることは重要であり、そして意外なほど容易です。図9は、筆者のこれまでのプロデュース活動のなかで得られた知見をまとめたものです。意外なことに最初のプレゼンテーションでコンセプトや提案の受け手である聴取者の解読姿勢でプロジェクトの成否が予測できます。例えば提案されたコンセプトを既知の知識体系に引きずりおろして解釈する失敗の連鎖の聴取者と、コンセプトをもとに新しいイメージやアイデアに広げて解釈する成功の連鎖の聴取者とがあります。既存の知識体系に対する知識過剰な前者であるならばプロジェクトの成功はおぼつかないです。プロジェクトは、未知の世界との関係性の構築ですから新たな知識体系を構築できる創造力が必要な後者の意識がプロジェクト成功への条件となります。前者のようにプロジェクトの最初からボタンを掛け違えたまま最後まで走り、竣工時の経営的には一時的に成功したものの、その後衰退といった事例は、実はわが国では大変多いと言わざるを得ないです。プロジェクトの成否は、コンセプトの実現と長期的な評価にあることを申し添えておきます。

　私たちの日常生活でもプロジェクト性があります。例えば大学の学生生活では、研究やデザイナーの入り口である卒業研究や卒業制作があり、学生達にとっては初めての経験ゆえに未知の世界との遭遇です。そのために特別の目的設定と、授業という規則的な時間の単位を離れた活動を行い、そして締め切りという期間と成否が問われる審査があります。このように限られた時間のなかで、私たちの日常生活の外側からやってくる未知なる出来事と向かい合い、所定の成果を期待しようとするのであれば、私達がとり得る有効な方法のひとつ、それがプロジェクト・マネージメントでありプロデュース活動のなかの推進システムだといえるでしょう。

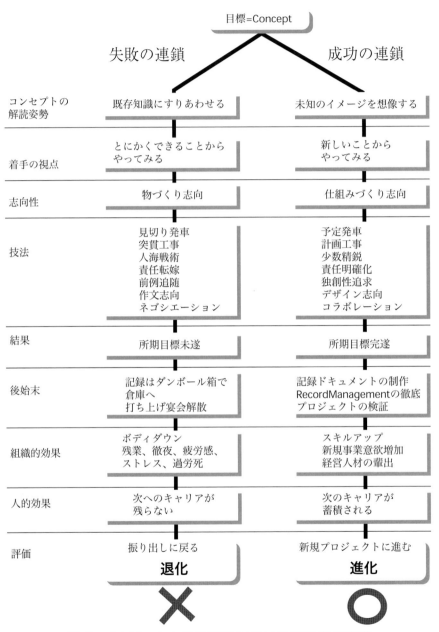

図9. プロジェクト推進活動における事業者の意識

# Part2.　CONCEPT CREATION

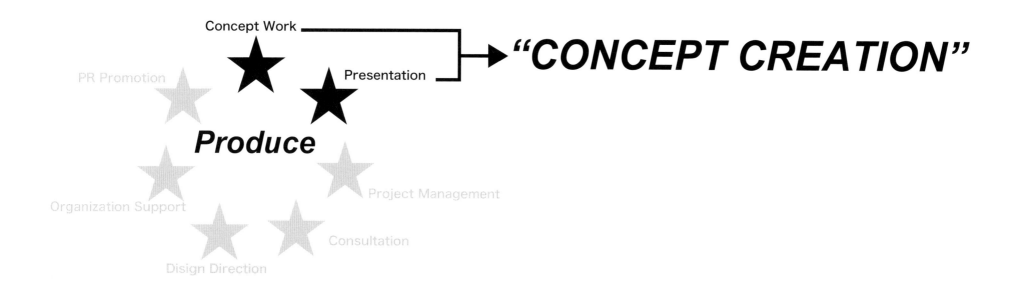

　Part2では、環境デザイン分野のプロデュース活動のなかでも特に始動期の活動であるコンセプトワークとプレゼンテーションを扱います。コンセプトワークは、コンセプトチャート、マーチャンダイジング、スケマティックデザイン、フィジビリティスタディで構成されます。そしてこれらをひとつの提案書として編集したものをプロポーザルといいます。このプロポーザルに基づいてプレゼンテーションが行われます。これらの一連の活動をコンセプトクリエイションと呼んでおきます。それはプロジェクトの最初の考え方が初めて表に登場する瞬間です。そこでこのための基礎知識を整理しながら、コンセプトクリエイションの考え方や表現方法についてを、実際に行われてきたプロジェクト事例を交えながら述べてゆきます。

# Ch3. コンセプトクリエイションの基礎

3.1　基礎知識の整理 - 言葉の性質について

　本章以降では、すでに述べたプロデュースにおける起案活動についてを、これまでの筆者の論文を引用［注1］しながら、述べてゆきます。起案活動には、新しいあるいは未知のプロジェクトを発見したり、またこれを立ち上げたりしてゆくためのコンセプトワークと、これを社会的に発表したり提案してゆくプレゼンテーションという2つの活動があります。本章では、コンセプトクリエイションのための基礎知識についてを、知の科学である哲学および図書館学からの知見を借りながら、コンセプト＝概念について述べてゆきます。

3.1.1　個別的属性と本質的属性

　言葉の性質について哲学と図書館学の考え方を踏まえながら、具体的な例をあげて考察してみましょう。

　まず私たちの生活世界における「もの・こと・ことば」［注2］には、個別的属性と本質的属性とがあります。例えば専門書、文芸書、参考書、コミックといった個々の特徴や性質が個別的属性です。こうした専門書、文芸書といった個別的属性を取り除き、それらのすべてに共通する性質だけを抽出し包括的に捉えたのが本質的属性です。この場合の本質的属性に言葉を与えたのが、概念(名辞)＝コンセプト［注3］です。ここでは専門書、文芸書などを包括する「本」が本質的属性です。これが言葉すなわち概念といってよいでしょう。

　このようにコンセプトは、言葉によって示されたものです。ときおり図面を建築コンセプトという言い方をする場合がありますが、図面はイメージですからコンセプトにはなり得ません。本書では、コンセプトとイメージとを使い分けてゆきます。

3.1.2　内包(Intension)と外延(Extension)

　ここで扱っている「本」には、複数の個別的属性が含まれていますから複数形になります。正確に言えば、「さまざまな本＝Books」です。こうした「さまざまな本」をコレクションしているのが図書館です。図書館から「さまざまな本」という概念から本質的属性だけを抜き出したものを、内包といいます。図書館はさまざまな本を内包しているという言い方ができます。さらに図書館には、大学図書館、公共図書館、専門図書館といった「多くの種類の図書館」があります。これを外延という言い方をします。このように言葉・概念には、本質的属性である内包と、これが適用できる範囲＝外延があります。以上の説明をまとめますと次のようになります。

外延＝集合 A は {1, 3, 5, 7, 9} からなる。

内包＝集合 A は 10 以下の奇数である。

1,3,5,7,9 は「多くの種類の図書館」であり、1,3,5,7,9 の本質的属性は 10 以下の奇数ですから、これら多くの図書館に共通する本質的属性が「さまざま

本」になります。

　このように言い換えればその言葉や概念が適用できる範囲があります。適用範囲があるから、私達は、日常の生活世界で、共通の性質を抽出することができ、他方で異なる性質を区別することができます。例えば形の大きさや姿が異なっているものが複数並べられていてもそれらを本と理解することができますし、また逆に形や姿が似ている本とノートとを区別することができます。

### 3.1.3 階層化 (Hierarchy) および類 (Genus) と種 (Species)

　いくつかの言葉を、ある視点でひとくくりにしたとき、それらの言葉は階層化 (Hierarchy) という言葉相互の関係が発生してきます。このとき上位の階層を類 (Genus)、下位の階層を種 (Species) といいます。類は種の集まりであり、種は類の構成要素であるとする言い方もできます。複数の類を構成要素とする上位の類を考えることもできます。このとき下位の類は、上位の類にとっての種となります。例えば、等辺三角形や不等辺三角形を外延とすれば、この外延に共通する「三本の直線で囲まれた」が内包になります。外延と内包との関係には、論理的定義が関わってきます。論理的定義とは、定義しようとする概念の上位の類概念を見つけだし、定義しようとする概念と同列に並んでいる他の概念との種差＝違いを見つけ、この２つを結びつけることです。この定義の関係を図１に示しました。同列概念上に横並びしている三角形や四角形の違いを言葉で表したのが種差になります。そして定義いかんでは、外延と内包とが入れ替わり、これに対応する概念も変わります。こうした関係を示したのが図２です。定義づけようとする対象であるＡ、A1、A1.2が変われば、類概念や種差も変わり、外延と内包も変わるといった階層構造をもっています。

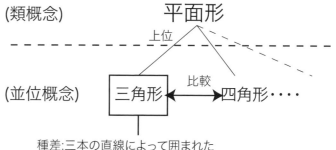

図１. 言葉の定義と分類

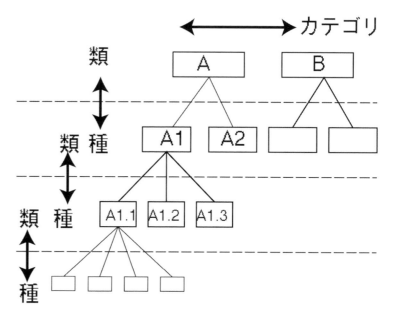

図２. 言葉のヒエラルキー

## 3.2 言葉の種類と関係

言葉＝概念の種類や関係は、これまでさまざまな見地から論じられてきました。ここでは、社会的に使われている図書分類法による概念の種類を引用します[注4]。まず内包の見地から個別概念と集合概念、同じく抽象的概念と具体的概念。また外延の見地となる「もの・こと」への適用がひとつかあるいは複数かでは、単純概念(個体概念)と一般概念、類概念と種概念、さらに関係一般の見地では相対概念と絶対概念とがあります。このほかに対象概念と範疇とがあります。これらを一覧すると12種類の概念があり、表1に示しました。

なかでも特に重要な概念が12.範疇です。範疇＝カテゴリは、類概念の上位をさかのぼり、これ以上さかのぼれない最高の概念をいいます。アリストテレス論理学では、実体、量、性質、関係、場所、時間、位置、状態、能動、所動の10項目、カントは量(一、多、全)、質(実在、否定、制限)、関係(実体、因果、相互作用)、様相(可能、現実、必然)の4綱12目を最上位の概念である範疇＝カテゴリをあげています。そしてカテゴリは、私たちが文章や論文でストーリーや論理を組み立ててゆく際、そしてこれから述べるコンセプトチャートを作成してゆく際の基本的要素になります。

次に概念と概念どうしの関係を引用します。外延と内包との見地から同一関係、等値関係、乖離関係、交差関係、顕著に程度の差を表現する反対関係、概念相互関連性の見地では依存関係、上位・下位関係、さらに相互に排斥するという見地では矛盾関係、選言関係の10種類の関係を述べています。これらの関係を一覧にしたのが表2です。

このように、概念の種類や関係は、判別しやすいものがあれば、そうでないものもあり、それらが混在していること自体が私達の生活世界の反映や言葉の特徴でしょう。本書では、これらすべてを使うわけではなく、このなかのいくつかの概念を用いてゆきます。

表1. 主な概念の種類［注4］から引用

| 種類 | 定義 | 用例 |
|---|---|---|
| 1.個別概念 | 総体のなかの1つを個別的に指示された概念 | 大学のなかの名古屋市立大学 |
| 2.集合概念 | 全体を1つにまとめている概念 | 大学全体 |
| 3.抽象的概念 | 抽象的・感覚的な性質・関係・状態を示す概念 | 努力・恐怖 |
| 4.具体的概念 | 主にものを表す概念 | 机・書架 |
| 5.単純概念 | 外延がただ1つ場合で固有名詞 | 国会議事堂・資本論 |
| 6.一般概念 | 複数の個と一定の属性を共有 | 本・図書館 |
| 7.類概念 | 複数の概念を包摂する大きな概念(上位概念) | |
| 8.種概念 | 大きな概念によって包摂される小概念(下位概念) | |
| 9.相対的概念 | 相手もつことで成立する概念 | 本社と支社 |
| 10.絶対的概念 | 単独で意味をもつ概念 | |
| 11.対象概念 | 対象を思い浮かべられる概念 | 人・机・リンゴ |
| 12.範疇 | 類概念を上位へたどりこれ以上包摂できない概念 | |

表2. 概念同士の関係［注4］から引用

| 種類 | 定義 | 用例 |
|---|---|---|
| 1.同一関係 | 同一の外延と内包をもつ関係 | 図書館とライブラリー |
| 2.等値関係 | 外延が同じで内包が異なる関係 | 東京と日本の首都 |
| 3.乖離関係 | 異なった内包をもち比較できない関係 | 白と音 |
| 4.交差関係 | 外延の一部が重なり、一部ははみ出す関係 | 色のあるものは香りがある |
| 5.反対関係 | 程度の差にすぎない概念どうしの関係 | 寒と暑 |
| 6.依存関係 | 互いに依存して意義をもち得る関係 | 父と子 |
| 7.上位・下位関係 | 類概念と種概念との関係 | 生物と動物、ほ乳類と鯨 |
| 8.矛盾関係 | 相互に排斥する関係 | |
| 9.並位関係 | 同じ階層にある概念どうしの関係 | 動物と植物 |
| 10.選言関係 | 互いに排斥しあう種概念どうしの関係 | 動と不動 |

## 3.3 言葉の区分と分類

概念の外延を明らかにするものに区分があります。区分は、類概念の下位にある種概念を探し、この種概念のさらなる下位を明らかにするといった具合に階層的に行われる論理上の手続きのことです。そして区分を行うためには一定の考え方があり、これを区分原理といいます。この区分原理の設定によってひとつの概念に対し、さまざまな区分が可能になります。この例を先の文献[注4]から引用します。

「例えば、「教育」という概念を区分する場合に、それが施される環境を区分原理とすれば、家庭教育、学校教育、社会教育となり、教授事項を区分原理とすれば普通教育、専門教育となり、時代を区分原理とすれば、古代の教育、中世の教育、近世の教育となります。このように区分原理によって下位にある種概念が異なってきます。」

こうした区分原理によって区分された種概念どうしは、互いに内包が排斥されている(内包が重複しないとか独立しているという意味)選言関係をもちながら、一方で区分によってもれなくすべての場合を網羅してゆこうとする努力を伴います。このように類概念を下位、さらにその下位へと区分してゆくことによってつくられた階層的な体系が分類です。こうして言葉の集まりを体系的な構造として捉えることができます。

## 3.4 言葉とイメージとの関係

ここでは、言葉とイメージとの関係性について探ります。図3は、言葉とイメージの関係を表したのです。左に「りんご」、「apple」、「旧約聖書」、「商標」の言葉と、右側にリンゴのスケッチとコンピュータ企業の商標と、かつて私が在籍していたプロデュース企業の商標と3つのイメージをあげました。まず左側の言葉相互の関係をみます。「りんご」と「apple」とは日本語、英語の違いがありますが意味するところは同じですから同一関係になります。「旧

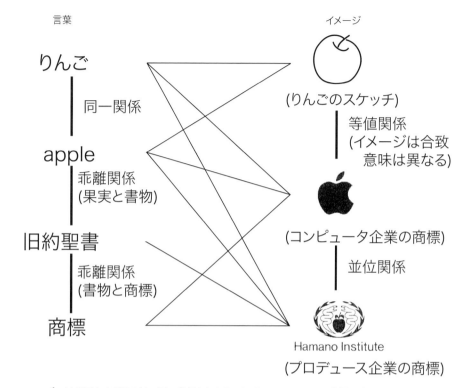

図3. 言葉とイメージの関係

約聖書」と「商標」という言葉は、内包が異なり比較もできませんから乖離関係だといえます。このように言葉相互の関係が異なります。

次に右側のイメージ相互の関係をみます。イメージは背後に意味を伴い言葉を示唆しますから、言葉と同様に考えられます。りんごのスケッチは、コンピュータ企業の商標とイメージは同じですが意味となる内包が異なりますので等値関係です。さらにコンピュータ企業とプロデュース企業の商標とではイメージが異なりますが、何れも世の中に数多くある企業の商標を上位概

念とすれば、この下位概念の同一カテゴリに属する商標ですから並位関係だといえます。

次に言葉とイメージとの関係をみますと、まず日本語の「りんご」と英語の"apple"は、右側のすべてのイメージでりんごが使われていますから、いずれも関係があります。しかし「旧約聖書」はリンゴのスケッチとは無関係ですが、プロデュース企業の商標とは関係があります。それは旧約聖書に登場するアダムとイブが知恵の実であるりんごを、ヘビにそそのかされて食べたときから、人間は知恵の恩恵を受けると同時に、怠惰も始まるという意味を含んでいるからです。またコンピュータ企業のりんごをかじった跡については、どのような意味があるかはわかりません[注5]ので旧約聖書とは無関係です。さらに「商標」という言葉は、コンピュータ企業とプロデュース企業の商標に関係がありますが、リンゴのスケッチとは無関係です。

このように言葉と言葉、イメージとイメージ、言葉とイメージとは、それぞれが意味する内容によっては関係づけられたり無関係であったりします。それゆえに言葉やイメージの性質を見極めてゆくことがコンセプトクリエイションでは必要になります。

## 3.5　記述の形式
### 3.5.1　論理的に考える＝チャート(図)という現代的方法について

デザイン初期の頃、提案書(以後プロポーザルと言う)は文章と図面でした。現在では情報量も大変多く、またその構造も複雑化している事柄や関係を扱う場合も多いです。そうした量的にも質的にも多様で多数の情報、あるいは提案を適切に短時間で相手に理解してもらうという理由から、その論理を構造的に捉えビジュアルに図式化したもの(以後チャートという)を用いる機会が圧倒的に多くなってきました。

チャートは、文章で示された論理あるいは概念を踏まえ、言葉やイメージなどの情報を整理して要点を抽出しビジュアルに構造化したものです。こうすることで、問題や提案の本質が明解になり、複雑な内容も視覚的にわかりやすくなります。さらに、最初からチャートを用いて思考やクリエイションを行ってゆく場合もあるでしょう。この場合は、思考と創造のツールとしての役割も果たします。そうした意味で言葉や物事をチャート化して表現することは、知的創造手法のひとつとして、すでに現代社会的でも多用されています。

ただしチャート化はビジュアル感性だけではとうてい表現できません。それは言葉すなわち論理を図化したものだからです。したがってすでに述べてきたように文章が本来培ってきた論理構造の理解が必要です。そこでチャートを作成するにあたり、文章の論理の基本原則について少し整理しておきます。本書では、全体的な文章構造、個別的な文章構成、接続の論理の3原則に大別し、以下にその内容をまとめました。

### 3.5.2　全体的な論理構造を理解すること

論理の構成方法については、これまでにもさまざまな書物[注6]で述べられています。それだけ定型化されているわけです。本書では、そのなかのひとつを引用しながら論理の構成方法を図4にあげました。結論の扱い方によって論理の構成方法が異なってきますので以下に説明しておきます。

#### 頭括式

最初に結論をもってきて、その後に説明や具体例をもってくる文章やチャートの構造。特に結論を印象づけたり、時間のない相手に提案したり、あるいは短時間で意志決定を促すときの論理や英文の構造。

#### 尾括式

具体的な説明や具体例を述べてから結論を導く。日本語の構造。まず主語があり、いろいろな説明事項や形容詞があって、最後に動詞になって結論がわかります。論理的には順に説明してゆくので明解な構造になります。時間

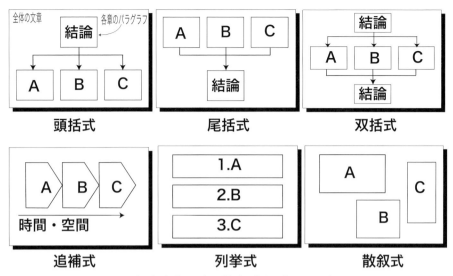

図4. 提案全体の論理構造［注6］から引用

があって相手を説得するときに向く論理構造。

双括式

　まず、結論を述べ、続けて結論に至る道筋の説明や具体例を述べ、最後にもう一度結論を述べる。論説文や評論などの、厳密さが求められる場合の論理構造。

追歩式

　時間や空間といった特定の概念を軸にして展開して行く方法。例えば1日目は何がありました、2日目は何がありました、あるいは大阪では・・・、東京では・・、といった具合に展開して行く論理構造。小説や随筆、紀行文や伝記、あるいは議事録などに使われる形式。本書でこれから述べてゆくチャートの大きな構造もこの論理構造を敷延しています。それは提案のストーリーを明解にすると同時に、多数の情報や提案を扱うからです。例えばリサーチは、基本的考え方は、提案すべき内容は、といったようにステージを変えて展開します。

列挙式

　事実や説明を次から次へと列挙して行く構造。結論を示す必要がないマニュアル、ブレーンストーミングをするときのアイデアフラッシュなどに用いられます。本書でも、アイデアづくりのためにKJ法などを用いて一覧的に表示するなどの場面で用いることがあります。

散叙式

　印象的なことを気ままに列挙してゆく構造。ビジネスでは使用されない。最近ではブログなどで書かれる構造に多いものです。

　こうして全体的な論理構造からみると、環境デザインでは施設の提案を示すことが結論とすれば尾括式、記述内容に即してみれば問題点、課題といった事的記述や施設の空間的イメージといった物的記述というように複数のカテゴリ構造であるため尾括・追補式という2つの形式をもっていると言えます。

### 3.5.3　個別的な文章構成の理解

　プロポーザルのチャートのなかで、例えば特に問題点というカテゴリについて述べる場合に、望ましい視点とか忌避したい視点といったように個別的な記述や表現をする際に、こうした接続の論理構造を多数多用します。それは述べようとする内容を効果的に語ると同時に、チャート化のための表現方法にも使われます。こうした個別的思考方法を次頁図5にあげました。

並列

　ある視点やレベルにおいて複数の事柄を扱う場合、あるいは同じレベルの文章を並べる構成。文章では、ナンバリングされて記述され、「また」、「あるいは」、「言い換えれば」といった接続詞を用いて事柄を並べてゆく。

帰納

　A、B、Cという複数の事柄からDというひとつの結論を導くときに使わ

れる構造。文章では、「つまり」、「すなわち」、「なぜなら」、「それゆえ」、「だから」などの接続詞の後に、でてくる事柄が結論であり、作者の言いたいことだとわかるような構造。

演繹

　帰納の反対でで、ひとつの事柄から複数の事柄に考えが広がることを示す。例えばAという考えが、B、C、Dといった3つの考えに広がってゆく構成です。文章では、「第一に」、「第二に」という言い方や、「まずは」、「次に」という言い方になることが多い。また、「つまり」という接続詞には、要約と敷延の2つの意味があり、帰納の「つまり」は結論であるが、演繹の「つまり」は、意味が広がってゆく構成になります。

展開

　ひとつの事柄が横に広がってゆくことを示しています。ひとつの事柄に別の事柄が加わって広がっていったり、ある事柄の理由が述べられたり、あるいは論が転換していったりします。文章では、「例えばA、しかもB、加えてC」あるいは、「A、しかもB、たしかにC、しかもD」といった具合に文章がわかりにくくなるおそれがあります。接続詞をチェックしながら展開だと思ったら文章は横に広がってゆくと理解したほうが、文章は理解しやすくなります。

対比

　同一類概念上にある、ある種概念とある種概念とを相互に比較するときに使います。この場合少なくとも同一概念上にあるということが望ましいです。同一類概念上にあれば比較条件が整うことになり、相互に比較することが可能になります。

　このように提案のための論理と論理の関係は、そのままチャート化できる構造をもっています。したがって論理に応じて効果的に、後述する4タイプ

| 並列 | 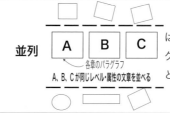 | ある視点やレベルにおいて複数の事柄を扱う場合、あるいは同じレベルの文章を並べる構成。文章では、ナンバーリングされて記述されたり、「また」、「あるいは」、「言い換えれば」といった接続詞を用いて、事柄を並べてゆく。 |
|---|---|---|
| 帰納 | 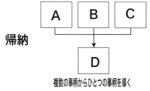 | A、B、Cという複数の事柄からDというひとつの結論を導くときに使われる構造。文章では、「つまり」、「すなわち」、「なぜなら」、「それゆえ」、「だから」などの接続詞の後に、でてくる事柄が結論であり、作者の言いたいことだとわかるような構造。 |
| 演算 | 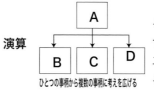 | 帰納の反対で、ひとつの事柄から複数の事柄に考えが広がることを示す。例えばAという考えが、B、C、Dといった3つの考えに広がってゆく構成である。文章では、「第一に」、「第二に」という言い方や、「まずは」、「次に」という言い方になることが多い。また、「つまり」という接続詞には、要約と敷延の2つの意味があり、帰納の「つまり」は結論であるが、演繹の「つまり」は、意味が広がってゆく構成になる。 |
| 展開 | 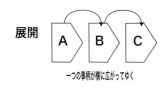 | ひとつの事柄が横に広がってゆく。ひとつの事柄に別の事柄が加わって広がり、ある事柄の理由が述べられたり、あるいは論が転換したりする。文章では、「例えばA、しかもB、加えてC」あるいは、「A、しかもB、たしかにC、しかもD」といった具合に文章ががわかりにくくなるおそれがある。接続詞をチェックし展開だと思ったら文章は横に広がってゆくと理解したほうが、文章は理解しやすくなる。 |
| 対比 | 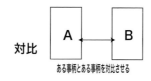 | ある事柄とある事柄を比較するときに使う。文章では、「一方」、「他方」、「それに対して」といった対比の接続詞が用いられる。 |

図5．個別の論理の組立て方［注6］から引用

のチャートを使い分けたいと思います。そしてチャートでは、論理と論理との関係を矢印によって表示します。矢印は論理が進む方向を示しています。ですから矢印がないとどちらに論理が進んでゆくのかとする読み手の思考や理解が迷子になります。

## 3.6 チャート化からコンセプトワークのツールへ

チャート化は一朝一夕では生まれません。やはり訓練が必要になります。そのための訓練方法には、概念が定義され文章や文脈の構造がしっかりしている学術論文を数多く読むことが必要です。これを読みながら全体構造という視点からメモをとってみる必要があります。そうすることで大きな文脈がわかります。さらには、大きな辞書や百科事典を用いて、言葉や言葉相互の関係をチャート(図化)化してみる訓練も有効です。

例えば世界中で栽培されている「ソバ」という単語について調べたとします。前述した区分原理という見方が大切です。先ずソバの実の料理方法という区分原理でみれば、粥状にしたロシアのカーシャ、粉に挽いて焼けばフランスのガレット、麺状にすればイタリアのピッツォッケリや中国の冷麺、塊状にすれば日本の蕎麦がきになります。さらにソバの茎や葉さらには花という区分原理では、サラダの材料になったり蜂蜜になります。さらにソバ殻という区分原理でみれば寝具の枕の中身となるなど産業用の用途もあります。またソバアレルギーという言葉もありますから、反健康(健康に反するという意味)という区分原理もあります。こうしてさらに調べてゆけば、料理方法、産業用、反健康、さらにはその他といった具合に、多くの区分原理を発見することができます。こうした異なる区分原理をもったソバという言葉の概念をひとつに統合すれば、それはソバという言葉の概念の体系になります。体系であればチャートで示すことが明解になります。それは一目瞭然という具合に大変わかりやすく表現されるわけです。

さらにいえば文章がしっかりしたテキストであれば、接続詞を手がかりにして文章全体の構造を把握することが比較的容易にできます。前述したソバの記述を参照すれば、種の段階、実の段階、食材の段階、お菓子などの加工食品といった区分原理に従って設けられた各カテゴリのなかに多様な存在や関係性を発見することができます。そうして得られた知見を図化という方法で表現してゆくことがチャート化の第一歩です。そんな手がかりとなる接続の論理を次頁図6にまとめました。

コンセプトクリエイションにおいては、複雑多岐にわたる事柄を体系づけて構造化することを主眼とし、問題点や課題の要点に整理し、さらにここから導きだされる提案のためのコンセプトテーマや、これによって示される具体的な提案内容を構造化し表現したコンセプトチャートで示すことによって、提案理由から提案内容とその方法までの筋道を、一貫性ある論理やストーリーによって貫かれた提案の全体像を簡潔に明解に示すことができます。

さらにチャート化に慣れたら、最初からチャートを用いてアイデアや提案内容を絞り出したり、つくり出したりする知的創造のツールとしても利用できます。それは発想のためのツールといってもよいでしょう。本書の基本的立場としては、チャート化の訓練の結果、そんな構造的かつ体系的に発想できる能力を目指したいと思います。それは、あらゆる場面で応用できる知的創造のための強力なツールといってもよいです。実は、私達は昔から日常的にメモで簡単なチャートを用いて事柄を理解し整理していた経験は多いと思われます。それが、訓練さえすればクリエイションのツールに発展してゆくということです。

## 3.7 まとめ

私たち生活世界「もの・こと」の個別的属性から本質的属性を抜き出し、これを言葉(名辞)で表したものが概念、すなわちコンセプト(concept)です。

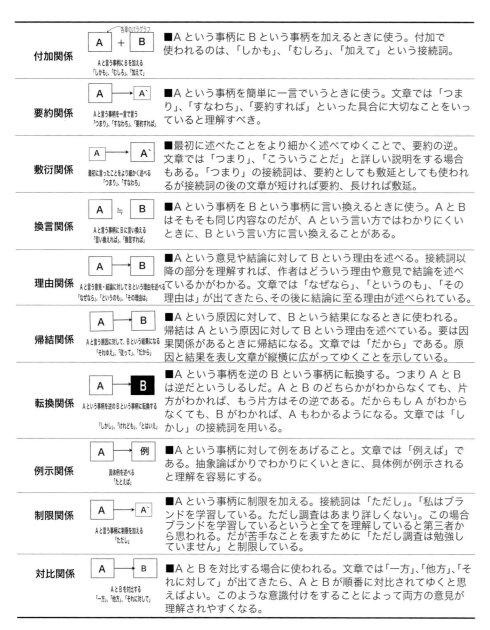

図6. 接続の論理［注6］から引用

コンセプトの語義には「はらむ、妊娠、出産」［注7］という意味があり、私たちの意識のなかに隠れている「もの・こと」を表にだし、これを言葉で表したのがコンセプトだといえます。そしてコンセプトを第三者に対して提案する＝プレゼンテーション (presentation) の語義は、提示する、与えるのほかに、医学では分娩時の胎位，前進という意味があり、私たちの意識のなかに隠れている「もの・こと」が顕在化されつつある進行状態だといえるでしょう。

　言葉には、外延と内包、定義や増減関係といった性質があります。こうした性質に応じ概念の種類が異なります。なかでも範疇概念であるカテゴリは「もの・こと」を考えてゆく際の基本的要素です。さらに言葉と言葉、言葉とイメージには意味内容しだいで多彩な関係性が発生します。コンセプトワークでは、こうした多くの言葉＝概念 (concept) を扱います。したがって一つひとつの言葉の性質や言葉相互の関係を理解し、そして整理し、分類できる基本的な知識や能力が必要になります。

# Ch4. コンセプトクリエイションの方法

4.1　コンセプトワークのカテゴリ

　コンセプトワークで提案内容を表現する基本的要素はカテゴリです。それは提案のための説明順序、あるいは提案を受ける側の理解の進み方と解釈してもよいでしょう。提案を理解するためには順序が必要なのです。それは複数のカテゴリからなり、全体の提案構造を形づくります。そして提案のストーリーや論理にあたる筋道が形成されます。

　次に、これまで述べてきた知見を踏まえながら各カテゴリの役割と筋道についてみてみます。

　コンセプトワークのカテゴリは、これ以上包摂できない最上位の概念であることが望まれます。こうした最上位の概念のなかで従来から用いられてきた基本的記述要素である5W1Hというカテゴリがあります。一般的には、このカテゴリに即していれば伝えるべき内容を適切に記述し伝達できる新聞記事の書き方の原則ともされています。それは、when(いつ)、where(どこで)、who(誰が)、what(何を)、why(どんな理由で)、how(どのようにして)の6カテゴリです。現在のデザインの現場では使い古されたカテゴリという人もいますが、コンセプトワークの場合には、そうした新古というよりは範疇概念であるということのほうが重要な意味をもちます。そうであればこそ5W1H自体は範疇概念として、これからも十分使うことができる普遍性のあるカテゴリだといえます。以下各カテゴリの役割を述べます。

whyというカテゴリについて

　このカテゴリは、理由、存在、原因、動機を語ります。そして「なぜかくかくしかじかのコンセプトが必要なのか」、といったコンセプトを導き出すための理由を明らかにする役割があります。したがって通常はコンセプトチャートの冒頭に置かれるべき必然性をもったカテゴリだといえます。コンセプトワークでは、社会背景や動向、リサーチ結果、提案対象が抱えている問題や解決の方向を抽出し、提案を導き出すための方針を設定する役割がこのカテゴリです。

whatというカテゴリについて

　whyによって導き出された課題や方針を包摂し、かつ以降に続く提案を包摂する役割を併せもち、提案全体の要となるのがwhatのカテゴリです。ここがコンセプトになりプロジェクトのテーマを言葉で表します。コンセプトとなるテーマは、他のコンセプトとは差異化できる言葉であることが重要です。差異化できなければ、他の提案と区別できませんし提案の意味を失います。もし差異化できる言葉が見つからなければ、相手に意味が伝わるように定義したうえで言葉や書体を新たにつくってもよいです。現在の言葉や文字も過去の誰かがつくり上げたものから、今の私達がそれらを制作してもかまいません。コンセプトワークといっているのは、そうした言葉や文字を

つくり出すということも含まれています。こうしてテーマとなる言葉は、前述したように類概念と種概念から成り立ちます。そして定義することによって提案しようとしている全体の基本的考え方を明解に表現します。このように what= 何を提案しようとしているのかという問に対し、言葉と言葉によって指し示されるイメージとによって応えてゆくことがこのカテゴリの役割です。そして以後のカテゴリの具体的諸提案を導き出す役割をもつ大変重要なカテゴリだといえます。

## who というカテゴリについて

　who は、導き出されたコンセプトが「誰」にとっての期待や要望に応えてゆくのかを明らかにしてゆく人間に関わる提案の役割があります。プロジェクトによって恩恵を受けるのは「誰」か、また「誰」の期待に応えてゆくのか、そうした「誰」を設定することが最初に必要です。次いでこの「誰」の属性を明らかにしてゆきます。そうした捉え方のひとつがライフスタイルです。例えば集合住宅の居住者で考えると、家族、単身者、高齢者だけですと、人数や年齢といった定量的な属性しか捉えられません。提案が居住者の期待や要望に応えてゆくためには、誰に住んで欲しいのか、住むことによってどんな生活を実現したいのか、といった定性的な属性の設定が必要です。したがってこのカテゴリは、コンセプトテーマに次いで、実現される対象の属性を語る重要な役割をもっているといえます。

## how というカテゴリについて

　how の役割は、コンセプトやイメージの実現方法を具体的に提案することです。実現方法とは、法律や制度による場合、経営による場合、技術開発による場合、デザインによる場合、イベントや祭事などの活動プログラムによる場合、あるいは社会的プロモーションによってトレンドを設定する場合など多様です。ここでは、デザインによる実現方法を用いて提案します。実現方法を提案することでコンセプトが姿・形あるデザインとして初めて私達の世界に存在することができます。de・sign の意味するところは、ドイツ語の sign、すなわちこの世の中に存在せしめること［注1］ですから、コンセプトを生活世界で顕在化させてゆく役割をもったカテゴリです。

## where というカテゴリについて

　このカテゴリは、場所を意味しますが、提案ではどこの地域や土地を提案対象に設定するかについて応えてゆく役割があります。そして提案対象や周辺環境などの条件、その上位の都市や国土や地球といった対象の外側にある「もの・こと」が条件として関与してくるカテゴリです。このように外から与えられた条件を与件といいます。与件はときに与えられ、ときには調べなければなりません。

## when というカテゴリについて

　これは、時間概念のカテゴリです。コンセプトワークの提案をいつまでに実現するかといった、プロジェクトの時間やスケジュールに関して応えてゆくカテゴリです。特にプロジェクトの種類や性格によってスケジュールが異なります。それが2〜3年の場合と20〜30年とでは、提案内容が大きく異なるなど、what や how に影響を与えるカテゴリであり、これも与件となります。

## 4.2　カテゴリの筋道

　こうした 5W1H のカテゴリの役割をみると、各カテゴリの順序がおのずと決まります。コンセプト (what) を語るためには、何故このコンセプトが登場してきたのかという理由 (why) を冒頭に述べ、さらにコンセプトの後に、

コンセプトが誰(who)の期待や要望に応えてゆくか、あるいはコンセプトが誰という利用者を想定し、さらにはどんな方法(how)で実現してゆくのかについてを述べる必要があります。こうしてwhy-what-who-howと提案を語るための筋道ができます。そしてこれらの筋道にあたる各カテゴリに対し、どこ(where)を対象とし、いつまで(when)に実現するかの与件のカテゴリがカテゴリの筋道の外側から関係してきます。これら各カテゴリ要素と筋道とを表したものが図1です。これがコンセプトワークの構造です。これによって、まだこの世に存在していない考え方やイメージをプレゼンテーションしてゆくためのプロポーザルの骨格(フレーム)ができたことになります。

この章では提案を語ってゆく際のカテゴリ要素として5W1Hをあげ、役割に応じて順序づけられる必然性的な筋道=構造があることを述べました。そしてプロジェクトの目的によりカテゴリ要素はほかにも多々考えられますが、どんな場合でも、提案しようとすることの上位の範疇概念になり得るということがカテゴリ要素であることの条件だと私は考えています。次節では実際のプロポーザルを用いて、コンセプトクリエイションの考え方について具体的にみてゆきます。

## 4.3 コンセプトチャートの設定

ここでコンセプトチャートの説明のために取り上げているプロポーザル[注2]は、名古屋市都心に隣接し、一群の空地を有する新栄地区と呼ばれる街区を対象としてシミュレーションしたプロポーザル・モデルです。したがって現時点ではただちに具体化されるというものではありません。このプロポーザル・モデルを使ってコンセプトワークの考え方を、前節の解説にしたがってみてゆきます。まずこのプロジェクトの想定は整備期間10年、名古屋市の都市課題であるこの地域の副都心化に貢献できるプロジェクトであることを踏まえて考えてみました。この場合、where=対象地は名古屋市新栄地区に位置する図2で示されたいくつかの街区、when=開発期間は2000年からおおむね10年というのが与件になります。

### 4.3.1　why=プロジェクトを必要とする理由とは

まず対象敷地や周辺環境や都市、経済、社会といった分野での調査や解析などのリサーチワークがすでに行われ、この問題点に関して次にあげた文章記述がまとめられたとします。まずこの文章を素材としながら、コンセプトを必要としてくる理由について考えてみたいと思います。

\*　\*　\*

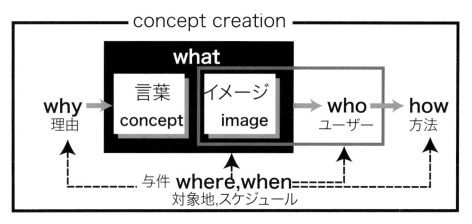

図1. 各カテゴリのつながりによるコンセプトフレーム

図2. プロジェクトの対象地の想定

カテゴリ why の文章記述

　この提案を前提にあげられる背景には、住宅・都市開発の視点が変化してきたことがある。これまでの調査に基づき語られるべき背景は大きく3点ある。
第1は、経済動向が成長持続型から低成長での安定や、ともすれば衰退化へと変わりつつあること。これに伴う都市政策も郊外化といった都市の拡大政策を基調としたものからコンパクトシティ化への政策の変化が予想されること。
第2は、社会ビジネスの考え方の変化がある。従前のように前例を追いかけてさえいれば人並みの目的を達成できたことをよしとする時代から、いちだんと競争原理が加速され、他に先駆けられる事業内容や経営への独創性が求められてきていること。
第3は、都市基盤や施設を整備建設していれば都市課題が解決できた時代から、都市自体を経営し運営できるといったソフトな発想からの方法や、特定のテーマに基づいた事業展開が求められるといった動きが行政システムに求められていること。
　つまり従来の経済・社会・行政システムからの脱却を図り、新たな視点からの住宅・都市開発が求められてきていることである。
　かかる視点から、対象敷地を用いおおむね10年で名古屋市諸課題の解決を図るためには、3つの問題点と課題が指摘できる。
問題1は都市の郊外化による都心人口の伸び悩み［注3］といった中心市街地の空洞化に関する問題である。こうした問題に対し、総合計画では、この新栄地区に隣接する大曽根・千種地区を副次拠点として位置づけ、都市機能集積による拠点形成を図りたいとする意図がある。しかし環境や地価の安さなどの郊外魅力に優る魅力が都心部に形成されていないため、都心部の拠点形成は進んでいない。

問題2は、従来、名古屋市の基幹産業のひとつである繊維産業、特に市内に数多く立地する流通事業所の成長が衰退していることが諸統計［注4］でわかる。その一因には、ファッション・アパレル製造と消費を仲介するはずの名古屋流通市場が、消費ニーズを適切に製造段階へ反映できていないことがある。旧態依然とした経営感覚や経営組織、情報化に立ち後れた設備投資、技術へのスキルやソフトへの開発投資、新規事業機会への投資、人材育成への投資、衆知への投資等がいずれも欠如している。社会的生活のサービス化、高感度化に追随できず、製造-流通-消費の連関を分断している。その結果、望まれない商品が製造され、望まれない商品を流通させ、一方で欲しい商品がないという消費者の不満を生じさせ、流通市場の低迷を招くこととなった。これは製造と消費を仲介できない名古屋流通市場の構造的欠陥だといえる。
問題3は、対象敷地の一部には、現在昼・夜間の二部制の短期大学が立地し、これと新たなる整備との調整が必要不可欠である。同大学で教えられている内容［注5］は、生活文化学科を中心に衣・食・住といったデザイン的側面のカリキュラムが特徴的である。また同短期大学の置かれた状況が全国短期大学の抱えている諸問題とも該当するのであれば、高学歴化や少子化といった高等教育機関共通の問題が予想される。こうした問題を解決しながら都市と連携できる有望な要素として、新栄地区を開発対象地として設定した。

＊　＊　＊

　まず文章の構成から、why のカテゴリ＝理由が、背景、問題のサブカテゴリから成立していることがわかります。
　まず背景のサブカテゴリの文章は、「これからの都市開発の視点」について、経済、社会、建設の3側面から並列して述べています。各3側面は、いずれも従来からの動向とこれから進むべき方向を記した文章構成としています。そこでこれらの文章を、これからの都市開発の視点にたって再構成すれば、前者の従来からの動向はむしろ忌避したい動向、後者はこれから進むべ

き動向、といった反対関係の概念として捉えられます。この反対関係の概念が並列関係にある3側面の経済、建築、建設を述べ、「従来型の経済‥‥脱却」で包摂されるという構造がみえてきます。

次に問題点をみます。問題点をひっくり返したものが課題です。ここでは文章の3つの問題点を3つの課題として読み替えることが必要です。まず問題1→(→は読み替えるの意味)課題1は、「郊外と差異化できるテーマをもった都市魅力の拠点化」と読み替えられ、上位の街区再生＝renovationという言葉で包摂できます。街区再生手法は、課題の都市魅力の拠点化手法以外にも再生手法がほかにもありますから、課題に対する集合概念といえます。そして課題1は、多々ある街区再生の手法の1つを個別的に表したものですから個別概念と位置づけられます。以下同様に、問題2→課題2は、「繊維産業の製造と消費を仲介できる新流通ビジネスのふ化」と読み替えました。市の卸問屋などの流通部門の経営が低迷している原因は、生産から消費に至るつながりを欠いていることにありますから、繊維産業全体の新たな流通産業育成＝incubationで包摂しました。問題3→課題3は、「専門特化できるカレッジ化」と読み替え、地域との連係を考慮すれば生活文化との共同創造＝collaborationで包摂しました。包摂した言葉「街区再生」、「新しい繊維流通産業のふ化」、「生活文化への共同創造」は、各課題を個別概念とする集合概念に位置づけられます。

そしてサブカテゴリの背景と問題＝課題は互いに依存して成立していますから依存関係といえます。さらに、各課題の集合概念を包摂できる言葉に「街区再生型都市・産業拠点づくり」を上位概念として位置づけました。これがコンセプトを導き出す方向を示唆しています。

こうした言葉の関係を構造化して表したものが図3です。文章のフレーズが各概念、文章と文章との関係が概念相互の関係、そして矢印が論理の進む筋道を表しています。

このように「もの・こと」の個別概念から、さらに個別概念を包摂する集合概念、そして集合概念を包摂する上位概念へと言葉を整理してゆくことによって、「もの・こと」の本質である範疇概念に近い類概念の階層からコンセプトを導き出そうとする意図があります。

### 4.3.2　what＝何を提案するのか

このカテゴリは、哲学でいうところの創造的構想力によってコンセプトを提案します。コンセプトは、前述の課題やこのカテゴリにおける提案、そしてwhat以降のカテゴリでの数々の個別的提案といったコンセプトワークにおけるすべての提案を包摂し、限りなく範疇概念に近い上位の類概念を言葉で表したものです。そして言葉はイメージを伴います。ここでは、頭の中に

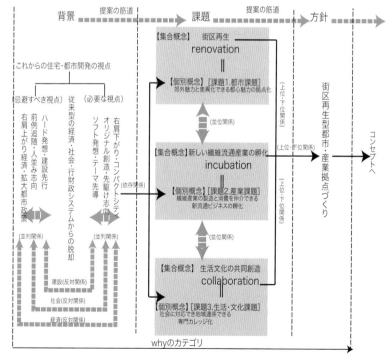

図3．カテゴリwhyの文章構造

あるアイデアや考え方を創造し、言葉やイメージによって顕在化し、what という問に答えてゆく＝提案をしてゆきます。こうした提案をしてゆく際のポイントは2点あります。第1は、前述の課題への回答になり得る提案となること。第2は、前出のカテゴリの背後にある経済や社会や都市の動向に寄与できる提案とすることです。まず、各のポイントを検討しながらコンセプトを導き出す過程をみてゆきます。

(1) 第1のポイントによる提案の検討

街区再生という前述の課題に対する提案には、複合的再開発手法による都心機能集積と都市空間の高密度利用などがあげられます。これによってビジネス活動や生活利便性が高まるとともに、人や物や情報受発信などの拠点を形成することができます。このために必要な導入すべき機能は何＝what が適切であるかということです。

新流通産業ふ化の課題では、産業構造を従来からの生産主導型から消費市場のニーズが反映できるソフト主導型への再編が考えられます。具体的には、消費市場ニーズにかなった商品開発、適種・適量の流通といったソフトウェア部門の企業集積や流通ビジネスを仲介できる産業連関の構築だといえます。そのために求められる新しい産業は何か＝what に答えてゆくことが必要になります。

生活文化の共同創造の課題では、すでに立地している教育機関の特性を生かし、高度に専門特化することで他教育機関との差異化を図るなどの教育経営基盤を強化し、なおかつ人材やスキル提供といった社会面で貢献でき、都市生活・文化への市民ニーズなどに応えられる専門カレッジ化を核とする提案が考えられます。そのためには、すでにあるこの大学の個性的資源を生かしながら新たな専門特化ができる提案は何か＝what を明瞭にすることです。

以上の導入機能の設定、新産業への再編、専門特化といった提案を包摂できるコンセプトが必要になります。そこで、コンセプトとして広義の「ファッション」を提案します。このファッションの語義は「多くの人々にある一定の期間、共感をもって受け入れられた生活様式」［注6］とあります。この産業体系をみると［注7］身近なところでは、化粧品・香水や健康や身だしなみに関わる産業群から、アパレルや素材の産業群、インテリアなど暮らしに関わる産業群、都市や地域に関する産業群までを包括し、私たちの生活様式の形成に関わる産業を広義のファッション産業と呼ぶことができます。広義のファッション産業の商品開発、流通、リテイル(小売り)、販売促進等のプロモーションといったソフトなビジネスを中心とし、これと連携できるファッション工科大学といった専門カレッジによる産学協同の仕組みも考えられます。このように考えると、広義の「ファッション」が提案を包括できる可能性をもつコンセプトすなわち言葉として設定できます。

(2) 第2のポイントによる提案の検討

都心再生課題の背後には、都市の拡大や居住人口の郊外化によって、例えばアメリカ大都市でみられた都心活動の低迷による商業の衰退や居住人口の減少、スラム化による犯罪の多発といった社会問題や都市の空洞化現象があげられます。こうした問題解決に寄与し得る提案となることが必要です。そのかぎが、都市郊外がもっている魅力や価値を上回り、むしろ都心ならではの新しい魅力や価値が創出でき、他都市と差異化しつつ都心回帰を実現できる提案が必要になります。

例えば都市郊外の一般的な生活イメージを描いてみますと、良好な環境のなかに十分な広さの土地が収入に見合った価格で購入でき、庭付き戸建住宅を容易に構えられるといった魅力があります。しかし一方で、最寄り駅へのアクセスが悪く、通勤・通学や生活の利便性を享受するためには車の所有が不可欠となり、居住者のほとんどがサラリーマン層で占められ、街やコミュニティやライフスタイルの属性は均質的すぎるといったマイナス要素があります。

これに対し都心では、アクセスや生活利便性がプラス要素となり、環境アメニティ、土地取得の容易さ、居住仕様がマイナス要素となるなど、郊外とは長所と短所の要素が逆転します。つまり都心と郊外とは一長一短であり、これらの長短要素を単に逆転させるというだけの理由でコンセプト化するのであれば、すでに全国的に行われている都市再生事業となんら差異がありません。

　そこでここでの提案が向かうべき方向は、従来都心のプラス要素に加え、郊外のプラス要素に勝つことができる、新しい都心のプラス要素をつくりだすことです。つまり都心に、環境アメニティの実現や資産の取得、そして居住仕様についての新しいプラス要素を創造してゆくことにコンセプトの方向が絞られてきます。

　ここでは、都市の高密度がプラス要素に設定できることに着目しました。それは高密度であるがゆえに資産的価値を損なうことなく、郊外以上の高品位な環境アメニティや居住仕様といった魅力を都心空間に実現できるコンセプトは何か＝whatということです。高密度であるがゆえに魅力ある環境をつくりあげた例として、中世ヨーロッパの城郭都市があります。こうした都市の生活の様相を和辻哲郎は次のように述べています［注8］。

＊　＊　＊

『一歩室をでれば、家庭内の食堂であると街のレストランであると大差はない。すなわち家庭内の食堂がすでに日本の意味における「そと」であるとともに、レストランやオペラなどもいわば茶の間や居間の役目をつとめるのである。だから一方では日本の家に当たるものが戸締まりをする個人の部屋にまで縮小せられるとともに、他方では日本の家庭内の団欒に当たるものが町全体にひろがって行く。そこには「距てなき間柄」ではなくして距てある個人の間の社交が行われる。しかしそれは部屋に対してこそ外であっても、共同生活の意味においては内である。町の公園も往来も「内」である。そこで日本の家の塀や垣根に当たるものが、一方で部屋の錠前にまで縮小したとともに他方で町の城壁や濠にまで拡大する。日本の玄関に当たるものは町の城門である。』

＊　＊　＊

　ここには密度ある暮らしの魅力が語られていると思います。それは、通常私たちが「内」と呼んでいる家という概念を、「外」と呼ぶ屋外空間へと拡大してゆくことによって生まれる都市という大きな家の概念の発見でしょう。都市という大きな家にしつらえられた街路やレストランや劇場といったパブリックな空間を、個人の家の空間の延長として使いこなしてきたヨーロッパ人の知恵の所産だといえます。それが密度の魅力です。こうした概念をもった都市を「囲郭型の都市」と呼んでおきます。つまり先のwhatに対する回答は、「囲郭型の街づくり」です。これがpoint2の結論でありコンセプトになります。

　こうした囲郭型の街づくりは、超高層ビルが立ち並ぶ現在の都市再開発によってつくられた街とくらべるとイメージの相違がはなはだ大きいのですが、都市再開発(Mixed Used Development)のルーツ［注9］でもあったことを付け加えておきます。

(3)　コンセプトの記述

　次に以上の2つのポイントからの検討結果をまとめコンセプトとして文章化すると次のようになります。

＊　＊　＊

　街区再生型都市・産業拠点という前述の方針を受け、ここでのコンセプト・提案を「SHINSAKAE FASHION DISTRICT」とする。これは新栄地区に広義のファッションの概念に基づき、人々が歩いてゆける範囲の街区のなかに棲み、働き、学び、遊ぶといった都市の全的生活機能やソフトな生活産業の集積、多彩なコミュニティやライフスタイルを連関させられるシステムと

高密度な集積によって、魅力ある街区を実現してゆく共同体「囲郭型の街づくり」を提案する。

提案1. ファッション生活産業機能の複合集積

　広義のファッションをコンセプトとする生活産業のソフト部門を集積する。それは個人アトリエや商品デザインラボ、流通ビジネスオフィス、リテイル、サービス、ソフト開発、業務サポート、といった都市型サービス産業の拠点形成を図る。こうしたテーマ性をもった産業の連関構造を構築し、都心機能として集積をしてゆくことで、従来の繊維製造・卸構造から脱却し、産業のソフト化に呼応した新しい複合的な産業活動を形成できる。新産業活動は、都心活動を活性化し街区再生、新ビジネス創出と、こうした活動自体が情報受発信性を高め、都市の生活・文化形成につなげてゆく。

提案2. ファッションコミュニティの複合

　ここで提案する複合コミュニティ(業務、研究教育、居住、商業サービス、来街者)が、相互連関することによって人、もの、情報の交流やネットワークを形成する。さらに交流やネットワークの核となる結節点(Node)を組織や機能や環境面で創出する。こうした多様なアクティビティを街区のなかに多数、高密度に集積することによって都市魅力、ビジネス魅力、定住魅力を生み出すことができる。

提案3。ファッションライフシーンのデザイン実現

　ファッションライフシーンとは、住まいやオフィスや教育などでの毎日の暮らしが、高品位に実現されるライフスタイルの様相である。こうしたライフスタイルの舞台にふさわしい環境の実現を目的とする。それ自体が都市空間の名所となり、ビジネス活動のイメージを高め、そして研究教育環境の形成と対外的イメージを向上させることに寄与することができる。

　次にこれらの提案に伴ってくるイメージをあげる。ファッション産業に従事し、教え、学ぶ人々の都市型居住スタイル、ファッションの研究や商品開発に携わる人々のオフィスや棲むことと働くことが同時に実現できるソフトなオフィスなどの創造活動の中心、ファッション流通やプロモーション活動の場であり、ファッションビジネス機会創出や仲介の中心、ファッション産業の商品開発、デザイン、アナリスト、素材開発などの専門分野の人材育成を目的とするカレッジ「ファッション工科大学」を中心とするカレッジライフの実現」が提案できる。

＊　＊　＊

次に文章で示された提案をチャート化してゆく方法をみてゆきます。

## 4.4　コンセプトのチャート化

　コンセプトの性質や関係は明瞭です。コンセプトに設定した「SHINSAKAE FASHION DISTRICT」が類概念です。これに続く提案1～3が同じ階層に属しいずれも並位関係にあり種概念になります。これら種概念が類概念のコンセプトを定義づけている種差です。他の都市に存在しているかもしれない同様の提案との違いを提案1～3で明らかにしています。もしコンセプトにオリジナリティが求められるのであれば、こうした種差を明確に設定しておくことです。種差の言葉を選ぶ際の基準は、図4で示すように前述の2つのpointである都市、産業、生活文化の課題に対する答えになっているかということです。こうした課題と提案との関係を表すと図5になります。

### 4.4.1　コンセプトのイメージ化

　whyのカテゴリ提案を、前述のコンセプトによって示された提案に基づいて、言葉に加えイメージをあげたものが図6です。本来言葉とイメージとが一対の対応関係だと解釈すれば、コンセプトや各提案1～3の延長上にイメージを位置づけるべきですが、ここでは編集上あえてそうしていません。それは、コンセプト・提案を語る切り口とは別のwhyというカテゴリからファッション・イメージを語ることで提案の幅をもたせようとする意図が

あるからです。しかし、whyでのイメージはコンセプトとは無縁ではなく、むしろ最初に定義した広義の「ファッション」という言葉で包摂されていると判断しています。そしてwhyでのイメージは、次のカテゴリでの提案を生み出すための素材として関係してゆきます。

### 4.4.2 who=どんな人々のどんな生活を実現するのか

このカテゴリwhoでは、どのような人々がいて、彼らのどんな生活を実現し、そのためにはどのような仕組みや仕掛けといったコンテンツが必要なのかについて提案します。それは提供される物あるいは商品と人間の関係を尋ねなければなりません。そのためにマーチャンダイジング(MDと略す場合もある)という考え方が必要になります。少し外延的な事柄ですが、この考え方を尋ねてみます。

(1) マーチャンダイジングの背景

一般に市場が成熟し、消費者のニーズや好みの変化が早くなり、市場の不確実性が増大してくると、企業は、その不確実性を低減させるために短期間のうちに多様な商品やサービスを素早く開発するようになります。市場のトレンドがある程度つかめたら、消費者の気持ちが変わらないうちに、素早く

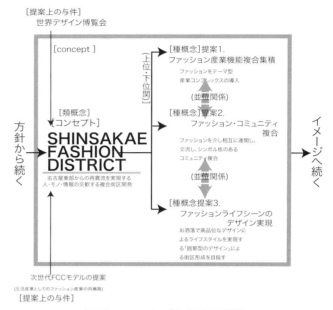

図5. コンセプト提案の構造

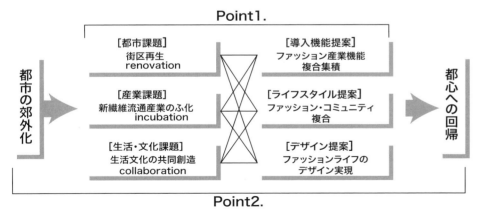

図4. 課題と提案との関係性のチェック

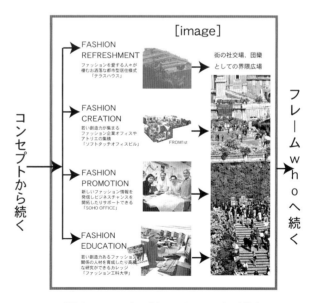

図6. コンセプト・イメージの構造

商品を提供したり、バリエーションを展開したりすることで、不確実性を低減できようにと努めます。ただ、そのような戦略を多くの企業が採用するとなると、今度は逆に市場に商品やサービスが氾濫し、消費者を混乱させるようにもなります。そのため、そのような経営環境下にある企業は早晩、市場で埋没せぬようコーポレート・ブランド戦略を採用して自社のイメージ強化に取り組むようになります。その結果、商品やサービスのデザインに求められる役割も、それまでのようなマーケティングのためのデザインから、ブランディングのためのデザインへと変化してゆく可能性もあります。つまり企業イメージを強化するために、個性的で一貫性あるデザインの開発、とりわけプロダクトデザインが重要になってきます。

そのため自動車や家電等の企業では、従来の戦略に加えコーポレート・ブランド戦略の実行が新たな経営課題となり、これまで企業が得意としてきた、多種多様な商品やサービスを迅速に、安く開発するといったモノづくりの戦略に加え、自社のブランド・イメージを強化するためのコーポレート・ブランド戦略も実行しなければならなくなってきたといえます。言い換えると、他社とは異なるメッセージをもった商品やサービスを一貫して市場に投入し続けることで、他社との違いを消費者に訴求し、一定の支持層を獲得することも重要な経営戦略のひとつといえるでしょう。

そのような変化のなかで、商品開発の場面で最も大きな変革を迫られてきたのが、「デザイン」です。日本の製造企業はこれまで、消費者に受け入れられやすいデザイン（マーケティングのためのデザイン）の開発を得意としてきました。しかしこれからは、長期的にみて自社の製品に高いロイヤリティを払ってくれるコアな消費者を獲得するためのデザイン（ブランディングのためのデザイン）を開発しなければならなくなっています。

従来企業においても、「製品開発」と「ブランド構築」は、別個のものとして扱ってきました。少なくともそれらを両立させようという視点は取られてこなかったわけです。

これらは、両立させることができるか、あるいは両立させるとすれば何が課題となってくるか。言い換えれば、企業として個性的で一貫性あるデザインを可能にする製品開発組織の構造や仕組みと、これまでの方法である多種多様な製品を効率的に開発するための方法との相性はどのようなものなのかといった課題と読み取ることができます。

これからのデザイン活動は、製品開発と同時にブランド構築活動でもあるといえます。したがってデザインは、製品開発とブランド構築のインタセクションにある象徴的要素のひとつと捉えられるでしょう。

(2) マーチャンダイジングの定義

従来からマーチャンダイジングの定義を引用[注10]すると次の通りです。

「マーチャンダイジングとは、流通業がそのマーケティングの目標を達成するために、マーケティング戦略に沿って、商品、サービスおよびその組合せを、最終消費者のニーズに最もよく適合するような方法で提供するための、計画・実行・管理のことです。」

こうした定義に基づいて商品戦略、販売戦略、およびシステムが計画され、主に店舗を主として行われてきたわけで、それは店舗の業態開発やデザインに関わる側面だといってもよいでしょう。

前述したように社会の関心は、マーケティングからブランディングへと変化してます。そのことはわが国の自動車企業の組織変化、あるいはAppleやディズニーといった新しいコンセプトをもった企業の出現といったことからみても明らかです。そこで本書では、当座のマーチャンダイジングの概念を次のように再定義しておきます。

「マーチャンダイジングは、商品およびサービス、これを取りまく環境を

消費者に最適化できる方法で開発してゆく分野。特にデザイン開発と商品やサービスの価値創造を主とし扱い、ブランディング分野の専門知見の融合を意図し、消費者にとって意味ある次世代商品やサービスや環境等の開発における戦略的な手法の提案を、統括的な立場から扱うデザインである。」

マーチャンダイジングは、従来分野で用いられた製品を「商品」と呼ぶことにします。さらに製品のように形にならない、むしろ時間軸上に沿って展開されるサービスという概念もデザインの要素のひとつとして扱うことにします。これまでに述べてきたようにマーチャンダイジングという考え方はすでにありますが、製品開発とブランド構築のインタセクションに軸足を置き、ブランディングという視点からのマーチャンダイジング・デザインという方法論は、まだ一般化したわけではありません。今後一連の模索を続けながら次第に形成されてゆくべきデザインの新しい方法論のひとつだといえるでしょう。

そうした人々の性質を把握するひとつとしてライフスタイル［注11］があります。万人共通のライフスタイルの範疇として、衣、食、住、遊、休、知、美があります。これらの範疇の下位には「生活のしかた」すなわち美意識や価値観、生活構造、生活行動があります。したがってここでは、どんな人々の、どんなライフスタイルを創造し寄与できるかが提案の骨格になります。

特に戦後まもなくの時代のように都市に人々が集まりだし、道路や住宅やもの不足を招いていた時代であれば、そうした不足を量的に充足していれば解決できたわけです。ところが人々の志向が働くことから余暇を楽しむとか自己実現を目指すといった生活の価値を求めている現代では、都市での生活の質の創造が重要です。そうした人々が望んでいる生活の質とは何か、そのためにふさわしい都市サービスの提供が不可欠になります。そこで人々が求めている質を捉え、提案し実現してゆく手法としてMDが位置づけられます。MDは、最適な場、時間、価値、数量で、ある特定の商品やサービスを市場や社会に提供してゆくためのプランニングやマネージメントと定義できます。ここではマーチャンダイジングに沿ってコンテンツをつくりだします。その方法の一端が図7です。

図7は、先のコンセプトで導き出された4つのイメージをライフスタイル・イメージとして設定し、これと導入機能との2軸のマトリックスとでマーチャンダイジングのコンテンツを考えたものです。ここで重要なことは、ライフスタイル軸のほうから読みとってゆくことです。各ライフスタイルを各機能に当てはめたときに、どんな創造や発想が生まれるかという読みとり方が重要です。例をあげると、マーチャンダイジングで提案した"FASHION HABITATION"と居住とのマトリックスでは、新しいタイプの住まいを開発しデザインしてゆくうえでの建築の計画設計条件になります。これに基づき従来にはみられなかった新しい居住施設を開発しませんか、という提案になっています。開発する側から見れば、これが開発条件だといえます。

しばしば開発関係者が読み誤るのがこの部分です。彼らは居住といった機能軸側から提案意図を読もうとします。つまり最初に従来からある一般的集合住宅をイメージし、そこにコンセプトを入れ込もうとします。従来から大量供給されているnLDKといった集合住宅にプラスしてファッションを付加すればいいのだろう、といった考え方に収斂します。その結果一般的な集合住宅が建設されるのにとどまり、新しい商品開発には結びつきません。もちろん人々の求めているライフスタイルに適応することも、また所期課題の解決にもなりません。このようなステレオタイプ化した発想に陥りやすい現象がプロジェクトの現場では多いのです。

こうしてプロジェクトの4イメージ軸と機能から導き出された17の提案ができたとします(後述)。つまりこのプロジェクトの関係者に対して17の商品開発の条件を提案しています。各条件内容は後述の図にゆだねますが、こうした商品開発を行い、集積させることで、新しいコンテンツをもった都

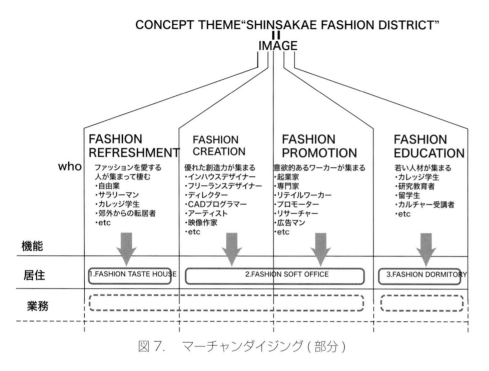

図7. マーチャンダイジング(部分)

市の拠点を生み出そうという意図があります。

### 4.4.3　how＝どのような方法で実現するのか

このカテゴリでは実現方法を提案します。一口に実現方法といっても、プロジェクトの性格によって異なり、例えば経営提案であれば新規事業への経営シミュレーションなどの一連のプログラムであり、都市や建築であれば空間をデザインすることになります。ここでは環境デザイン・プロジェクトを想定していますからこの分野のデザイン提案方法について述べます。

これまで述べてきたコンセプトやマーチャンダイジングの提案を、空間的に表現する方法としてスケマティック・デザイン(概要設計)があります。スケマティック・デザインは、これまでの提案と空間表現につながる言葉に基づいた概要的なデザイン方法です。こうした方法やデザインプロセスは、すでに明らかにされています[注12]。

これまでの提案文章の記述から、言葉として抽出し配置したのが図8です。これはスケマティック・デザインを行うための言葉の設計図といっておきましょう。前述したように言葉はイメージを伴います。提案された言葉に沿ってイメージ化すれば概略的なデザインを示唆することができます。この場合、実施設計のような物理的厳密さはありませんが、言葉の概念に基づいているためコンセプトから続いてくる一貫した筋道に沿ったデザインであることに意味があります。また現実の条件や制約に縛られない分、個人の創造力次第で表現の幅が広がるなどの柔軟性もあります。

スケマティック・デザインで表現をしようとしている提案は、囲郭型という複数の建築群によってつくられる大小多様なオープンスペースの空間的魅力、多彩な人々、もの、情報が集積してくることによって形成される魅力、快適さや界隈魅力といった状況です。これによって多くの人にコンセプトが伝えようとするイメージの総体を、魅力的かつ、わかりやすい提案を行うことができます。これについては、次章で詳しく説明します。

### 4.5　まとめ

コンセプトクリエイションは、言葉の論理的基礎知識を踏まえながら、尾括・追補式の論理構造に準じてwhy、what、who、howと与件であるwhere、whenを加えた各カテゴリに沿って、提案内容を言葉と図とイメージとによって組み立て、それらを体系化してひとつの提案のためのストーリーである筋道をつくりあげてゆく方法です。最後は、すべての提案がひとつのコンセプトチャートに結実します。こうすることで複雑な世界を明解に整理しながら、提案しようとする大きな骨格を語ることもできますし、さらにこの提案に枝葉的アイデアを多数加えることもできます。そしてプロジェクトという大きな樹木になり葉が付き最後に実がなるわけです。

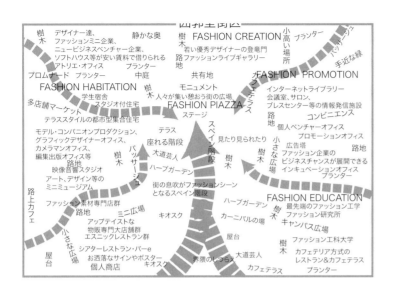

これらの方法は、私達の理解や思考を助ける手法として、さらに広い意味で私達の日常の知識の思考や創作活動として、あるいは情報を整理創造してゆく方法のひとつとして活用することができるでしょう。次章では、こうした一連のコンセプトクリエイションを、これまでの説明用シミュレーション・プロポーザルに加え、実際に使用したプロジェクト・プロポーザルも交えながら説明します。

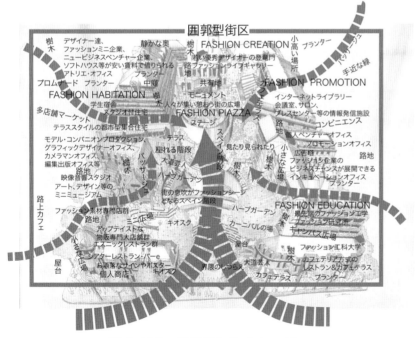

図8. 言葉の設計図からイメージ化へ

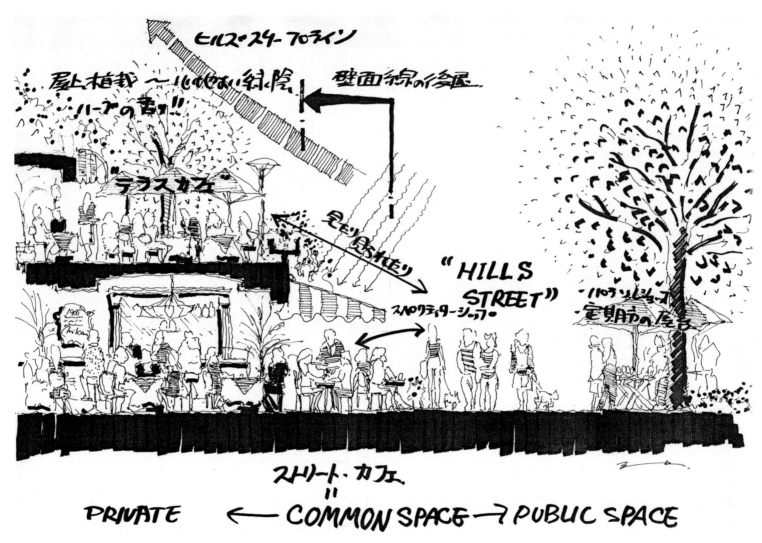

図9. 界隈のイメージ［注13］

■界隈のイメージ
筆者の仕事では、これまであらゆる都市開発プロジェクトのなかで、必ず言及した界隈のイメージです。ここでの界隈とは、公的空間と私的空間とが重なり合う建物の敷際の空間に着目し、これをコモンスペースと呼び、ここごそストリート・建物とを柔らかくつなぐ界隈として積極的に利用したいとする考え方をイメージ化したものです。たとえていえばヨーロッパのカフェテラスのようにです。図はそうしたコモンスペースを中心に建物の内と外、グランドレベルと上層階などを、植栽やお洒落な家具やひさしやストリートサインなどのいわゆる街具を用いつつ、界隈の形成を果たそうとするスケマティック・デザインです。

# Ch5. コンセプトクリエイションの表現

5.1　図の形式

　本章では、これまで提案してきた内容をプレゼンテーションするためのプロポーザル(提案書)について述べます。コンセプトクリエイションの伝達表現形式には次の4種類があります。
○文(文章、詩文、コンピュータ言語など)
○式(数式、数値、論理式、分子式など)
○図(地図、設計図、グラフ、表、楽譜など)
○絵(絵画、スケッチ、漫画、写真など)

　コンセプトクリエイションのなかで、最もよく用いられるのが図＝チャートです。チャートは図を中心として文、式(あまり使いませんが)、絵を駆使し、概念の定義に基づき論理に沿って言葉を整理し、言葉相互の関係を明らかにし、これらを図を用いて構造化しビジュアルに表現し提案を表現したものです。プロポーザルでチャートを用いる理由は、多くの情報のなかから重要な情報を抽出し提案の本質や全体像を明らかにしながら適切な理解や判断を速やかに得ることです。

　もし文章だけで提案をしたらどうなるでしょうか。例えば提案を受ける側の立場で考えると、大量の提案文書を読み、重要な要点や語句を抽出しマーキングしながら、意識のなかで論理構造を再構築し、全体の論旨を理解しなければなりません。1カテゴリ程度の文章量ならば、文章だけでも許されるかもしれません。しかし、他のカテゴリやプロジェクトを立ち上げる際の必要な情報を文章で網羅するとなると提案内容が広範囲に及びます。その中で何が重要で、どんな要素や構造で構成されているかを理解しようとすれば、相当量の文章を読み、意識のなかで整理し理解してゆく必要があります。時代変化が早く情報過多の現代社会では、文章中心の記述による提案は理解も容易ではなく、不合理かつ不経済な手法であるばかりかデザインを語ることはできても、その表現を伝えることが困難です。そこでチャートという表現方法を用います。

　チャート化するにあたり図が本来もっている規則があります。デザイン研

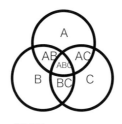 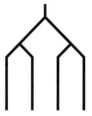  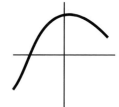

領域系
1類はトポロジカルな領域図、分割図など。
2類は地図、建築間取図、曼荼羅図など

連結系
分岐図(樹状図)、網図、流れ図などのシステムを表す図が代表的

配列系
相関表、行列表、三角・多角形表、便宜的にな魔方陣、碁盤など並べ方を規制し意味のもたないもの

座標系
棒、円、座標、点分布といったグラフの座標系、三角座標、歪曲座標、多重座標、立体座標(地形の俯瞰や建築のアクソメ、アイソメ等

図1.　図の類型　[注1]　より引用

究者の出原栄一氏らはチャートを表現形式に従い図1に示す4類型にまとめました。以下に各類型の定義を引用［注1］します。

○領域系：Ⅰ類は領域の大きさ形状には関わりがなく、含合、交差、隣接、分離などの位置関係だけが意味をもつ。Ⅱ類：隣接領域の間になんらかの順序関係があり、相互の位置関係を自由にできないもの。

○連結系：階層化や一連の二者択一式の意志決定など、分類や順序だてに適している。

○配列系：配列の行と列とが同じカテゴリで交わるところで、両者の関係を数字その他の記号で表す。

○座標系：あらかじめ設定された指標に基づいて、空間内に唯一無二の位置(座標)を定める仕組み。

これらの類型に基づいて図を使い分けてゆくことが提案では重要になります。次節以降で実例を用いて説明してゆきます。

## 5.2 プロポーザルとして表現する

前節で、whereとwhenという与件がありましたので、ここで提案することは、どんな理由で(why)という、それまでのリサーチからの結論、何を(what)提案するのかという基本的な考え方としてのコンセプトテーマ、誰に対して(who)すなわちどんなユーザーや利用者に対して提案するのかとする訴求対象やライフスタイルなどに関する事柄、どんな方法やデザイン(how)にするかという環境デザインの提案、これらについて論理的かつ構造的に表現したのがコンセプトチャートになります。これにマーチャンダイジング(MD)、スケマティックデザインを加えるとひとつのプロポーザル(提案書)が完成します。本来のプロポーザルとしてみれば、このほかにも提案すべき内容は多々ありますが、本書では、重要なところだけを抽出し最小の構成による解説としています。

## 5.3 コンセプトチャートによる提案

前章で述べてきた、問題点、課題、コンセプトテーマ、提案の方向性を筋道に沿って構造化したのが次頁図2のコンセプトチャートです。言葉の概念や概念の関係性を探り、これらを整理分類し、図の規則にかなった表現を用いて書いたものであり、内容面では言葉で検討し吟味された結論部分だけを抽出してひとつのブロック(箱)のなかにまとめています。なおかつブロック内には、書かれてある内容に即してそれぞれ小見出しを付けています。こうすることで小見出しを目で追ってゆけば提案内容の全体像を容易に把握することができます。そして各ブロックは矢印によってカテゴリの筋道に沿って導かれてゆく論理の展開を表しています。つまり最初に問題点、これを裏返せば課題となります。いくつかの課題を一言でまとめれば方向性が抽出できます。この方向性からコンセプトテーマが絞られてゆきます。他方で後半部分をみると施設機能の提案があります。コンセプトテーマは、そうした両方のカテゴリを論理やストーリーでつないだものです。

したがってコンセプトテーマは、問題点から始まる課題や方向性を反映させながら、他方で後半部の提案内容とが包括できる言葉がテーマになります。コンセプトテーマは、前半の問題点や課題と後半の提案内容とをつないでいるからこそ、コンセプトテーマがプロジェクトの基本的な骨格になれるわけです。そのための適切な言葉を知恵をしぼり膨大な言語空間のなかから探しだしてゆくことが仕事になります。それはプロジェクトの全体を一言で語れること、別の言い方をすればあなたが提案している世界のなかで最上位の概念となるような言葉、そして関係者にとって理解しやすく魅力的な響きがあり、多くの人々の口に上りやすい言葉、それがプロジェクトにおける最適なコンセプトテーマになります。プレゼンテーションにおける説明は、左から右へ矢印の順序に従って説明してゆきます。

このプロジェクトでは、そうした提案が目指すべき高品位な環境の例示を、

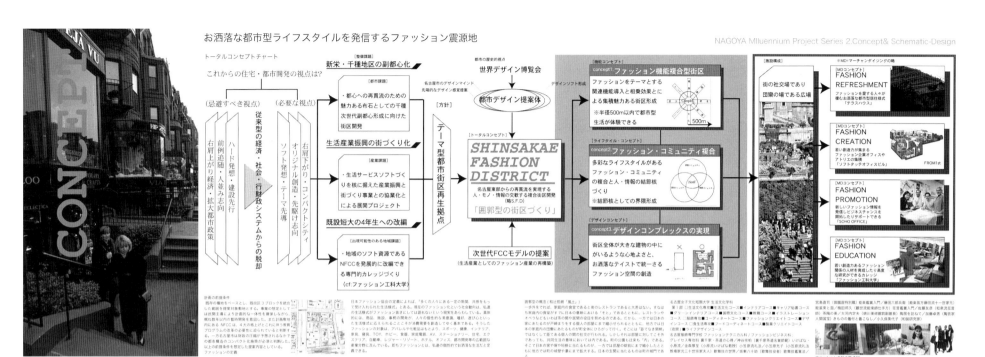

図2 プロポーザル コンセプトチャート

写真で左側に補足し暗示させています。コンセプト表現の過程で、こうした画像がもつイメージ力は、言葉では補えない提案の特徴を雄弁に語ってくれます。

## 5.4 マーチャンダイジングによる提案

次にマーチャンダイジング(MDと略す)の提案を図3でみてみましょう。前のコンセプトチャートで示された4つのMDコンセプトが基本になります。これと従来からある分類の居住、業務、商業、教育等の機能とのマトリックスでMDの提案内容を示しています。提案内容は、居住者の属性をみてもアトリエを必要とするファッションデザイナーがいたり、ファッション商品の流通販売を行うバイヤーがいたり、そればかりではなくファッション専

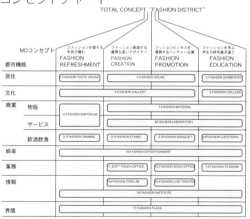

図3 プロポーザル マーチャンダイジング

門大学があり教員や学生達の多くの生活があります。そうしてこれらの機能に不可欠なのが商業サービスになります。商業といってもファッションの専門家に素材や技術や情報を提供し、ファッションを販売する専門の物販店、そうした人々の情報交換や展示そして会議や交流の場となるバンケットホール、さらにはここで暮らすすべての人々にとって、あるいは地域の多くの生活に関わる商業サービス機能が考えられます。こうした提案の内容にこれらの機能がばらばらであっては、複合機能施設を提案する意味がありません。そこでマーチャンダイジングに関わる提案が必要になります。プロポーザルでは機能概念図といった呼び方もありますが、複数の機能相互の関係性を図で明らかにすることが重要です。

人間活動の総体であればこそ、MDは従来の流通の概念を越えて、私達の生活全体に影響を与える考え方です。ここでは従来のMDの概念を拡大し、「施設機能や内容やブランドに関わるサービスの企画、計画、設計、およびコントロールをしながら、空間利用の最適化を図ることにあります。つまり施設内容に関わることのすべての要素に関係してくるといってよいでしょう。

提案内容の解釈では、4つのMDコンセプトと都市機能とのマトリックスから17の新しい施設を提案しています。例えば、2.FASHIO HOUSEというのは、単なるマンションをイメージしたものではありません。コンセプトがファッションという言葉ですから、当然ファッション・デザイナー達や、そのアシスタント達が日々アイデアを考え試作したり、展示会のためのモデルを制作したり、ときにはバイヤー達との商談の場にもなるといった具合に仕事のできるオフィスであると同時に、時間を伴わないワークスタイルのために居住機能がついているクリエイティブな住まいを提案しています。提案は言葉の段階ですから具体的な姿が現実にあるわけではありません。むしろ未知の存在といってよく、建築家やデザイナーに、そうした新しい住まいをデザインしてくださいという意図がここにあります。

言葉は、私達がまだみていない世界を表現することができます。それが言葉の特徴であり、コンセプトワークで言葉を第一義的に扱う理由もそこにあるのです。

5.5　スケマティックデザインによる提案

このモデルプロジェクトにおけるスケマティック・デザイン(概要設計)の例を次頁図4で示しました。建築や都市の透視図とスケマティック・デザインとは役割がまったく違います。その定義を述べれば建築実施設計図書に基づいて描かれたデザインの完成形が透視図です。設計図書に基づいているだけあって、実現される姿に近い状態で描かれます。これに対してスケマティック・デザインは、コンセプトに基づいて描かれる将来イメージです。したがってデザインのとおりに実現することを保証したものではありません。しかしコンセプトに沿って描かれているために、プロジェクトの基本的考え方を反映させており、こうなったらすばらしいだろうという人々が求めている理想型のひとつを表現しています。それが実際には、関係者の理解を呼びプロジェクトを推進させてゆく力はたいへん大きいです。

一口に実現方法といっても、プロジェクトの目的や内容によって異なります。例えば経営提案であれば新規事業への経営シミュレーションなどの一連のプログラムが方法となり、建築や都市であれば空間をデザインすることになります。ここでは都市デザイン・プロジェクトを想定していますので環境のデザイン提案としています。

これまで述べてきたコンセプトチャートやマーチャンダイジングの提案を、空間的に表現する方法としてスケマティック・デザインの役割があるわけです。スケマティック・デザインは、これまでの提案と空間表現につながる言葉とに基づくビジュアルな表現方法です。

図4. プロポーザル　スケマティックデザイン

これまでの提案文章の記述から抽出しされた言葉をビジュアルイメージとして配置し、空間として表現したのがスケマティック・デザインであり、言葉の設計図といえるでしょう。前節で述べたように言葉はイメージを伴ないます。イメージを集約し表現すればデザインとして表現することができます。

このプロジェクトで、スケマティック・デザインで表現をしようとしている提案内容は、コンセプトチャートにある囲郭型という考え方に基づき、街区という城壁的に囲まれた大小多様な複数の建築群によって形成される、多彩な利用の魅力、多彩な人々、多彩なもの、多彩な情報が集積してくることによって形成されるコミュニケーションの魅力、カフェや緑などがある快適な界隈魅力の創造です。これによって多くの人にコンセプトチャートで提案していることをイメージとして表現することができ、提案内容をわかりやすく適切に伝える表現ツールとなります。

## 5.6 事業収支モデルの提案

建築などの規模の小さいプロジェクトでは、こうしたプロポーザルの最後に事業収支モデル(フィジビリティスタディ)が加わります。プロジェクトを推進する事業主体や、どのような事業構造、例えば土地を買うのか借りるのか、あるいは建替えだけにするのか、さらには自営なのか賃貸事業なのかといったように、どんな事業構造とするかで、事業収支モデルの設定内容が異なってきます。ここでは1街区程度の規模をもった商業・業務・居住施設の事業収支の例を次頁表1にあげました。

事業収支モデルは、このプロジェクトを行うのにどれくらいの費用がかかるか、そのための資金をどこからどれぐらい調達するのか、このプロジェクトが完成した後の運営面でどれぐらいの収益が見込まれるか、そして初期投資である費用の支出と運営開始後の収入との試算を行った結果、施設経営がどのような状態なのかを金額的に予測するものです。どんなプロジェクトでも最初にこうした事業収支モデルで費用面での成否の可能性や評価を検討します。収益が見込めれば次のステージに進めますが、もし収益が見込めなければプロジェクトは提案だけにとどまり実行されないでしょう。言い換えれば、言葉やチャートによる提案内容を金額という運営面から裏づけようというものです。

事業収支はプロジェクトのステージごとに何回も行われます。何年か先の運営状態をシミュレーションするわけですから、現在の数値情報あるいはプロジェクト完成後の数値情報予測を用いてシミュレーションします。プロジェクトも後半になると比較的正確で精度の高いシミュレーションが可能になります。しかし本書が対象としているコンセプトクリエイションという事業の初歩段階では、概略的な見通しを得るのが目的ですからシミュレーションの精度も荒いのですが、全体像や事業構造を大まかに把握するのに利用します。

またこの段階では、建築の設計をしていないのですから本来正確な床面積などはわかるはずがないのですが、概略的な施設のボリュームをつくることによってある程度の規模を算出することができます。例えば次頁図5は、先のスケマティックデザインを敷地に合わせて施設の空間ボリュームだけを3DCG化したものです。これを階数に合わせ一定の高さで水平に切断すれば平面図となり、概算的ではありますが各階床面積や延床面積が算出できます。こうして抽出された床面積を一般的なレンタブル比で設定すれば収益部分の面積が算出できます。そして賃料などを設定して事業収支モデルに投入すればよいわけです。

事業収支は、ある種諸刃の剣です。デザインがよくわからない人は、この事業収支だけをみてプロジェクト推進の可否を判断しがちです。それは運営だけで物事を判断するという偏った見方であり、プロジェクトの判断としては不適切です。やはり本来は、コンセプトクリエイションと合わせた総合的

# 表 1. 事業収支モデル

## 1.事業条件の設定

事業前提条件 （単位:円）

| | | | | | | | |
|---|---|---|---|---|---|---|---|
| 事業構造 | 土地所有者が建物を建設し、その建物の賃貸事業を行う | | | | | | |
| 土地面積(㎡) | 16,150.00 | 土地面積(坪) | 4,893.94 | ㎡路線価格 | 495,000 | 路線価格 | 7,994,250,000 |
| 指定容積率 | 2.00 | 全面道路8m | 0 | 容積率制限 | 0.00 | 建蔽率 | 1.00 |

賃貸条件 （単位:千円）

| | 保証金=月坪家賃× 月数 | | | | | | 延床面積(坪) |
|---|---|---|---|---|---|---|---|
| | 賃貸部門 | | | | | 共有部面積 | |
| 階数 | 賃貸面積(坪) | 月坪家賃単価 | 月家賃 | 坪当保証金 | 保証金額 | | |
| 10F | 679 | 10 | 6,790 | 3 | 2,037 | 170 | 849 |
| 9F | 679 | 10 | 6,790 | 3 | 2,037 | 170 | 849 |
| 8F | 679 | 10 | 6,790 | 3 | 2,037 | 170 | 849 |
| 7F | 679 | 10 | 6,790 | 3 | 2,037 | 170 | 849 |
| 6F | 679 | 10 | 6,790 | 3 | 2,037 | 170 | 849 |
| 5F | 679 | 10 | 6,790 | 3 | 2,037 | 170 | 849 |
| 4F | 753 | 25 | 18,825 | 24 | 18,072 | 226 | 979 |
| 3F | 753 | 25 | 18,825 | 24 | 18,072 | 226 | 979 |
| 2F | 1,453 | 30 | 43,590 | 24 | 34,872 | 1,440 | 2,893 |
| 1F | 1,453 | 30 | 43,590 | 24 | 34,872 | 1,440 | 2,893 |
| B1F | 2,076 | 0 | 0 | 0 | 0 | 0 | 2,076 |
| 合計 | 10,562 | - | 165,570 | - | 118,110 | 3,842 | 14,914 |

賃貸情報:http://www.kbc-navi.co.jp/

| | | | |
|---|---|---|---|
| 建築規模 | ﾚﾝﾀﾌﾞﾙ比 0.71 | 延床面積(坪) 14,914 | 建築容積率 0.59 |

## 2.イニシャルコストの設定

初期投資 （単位:千円）

| 科目 | 内訳 | | | | | | 金額 |
|---|---|---|---|---|---|---|---|
| a)土地代等 | | | | | | | 0 |
| b)建築費 | 坪単価: | 800 | ×延床面積: | 14,914 坪 | | | 11,931,200 |
| c)設計料 | f建築費 | 1,000 | ×設計料率 | 0.05 | | | 596,560 |
| d)開業費 | b保証金額 | 1,000 | ×料率: | 0.20 | | | 200 |
| e)プロデュース費 | a)~d)小計 | 1,000 | ×料率: | 0.03 | | | 30 |
| f)建築取得費 a)~e)の合計 | | | | | | | 12,527,990 |
| g)取得税・登記料 | 建物取得費 | 12,527,990 | ×割合: | 0.60 | ×税率: | 0.046 | 345,773 |
| h)解体費 | 解体坪単価: | 0 | ×既床面積: | 4,893.94 | | | 0 |
| i)工事中金利 | 建物取得費 | 12,527,990 | ×金利: | 0.05 | ×工事年数: | 0.5 | 313,200 |
| j)初期投資合計 f)+g)+h)+I) | | | | | | | 13,186,962 |

資金調達 （単位:千円）

| 科目 | 内訳 | | | 金額 |
|---|---|---|---|---|
| k)自己資金 | | | | 500,000 |
| l)保証金 | | | | 118,110 |
| m)借入金 | 初期投資j)-k)-l) | 年利率 | 0.05 | 12,568,852 |
| n)合計 | | | | 13,186,962 |

## 3.ランニングコストの設定

経常収入 （単位:千円）

| 科目 | 内訳 | | | | 金額 |
|---|---|---|---|---|---|
| o1)年間家賃収入 | 月賃料収入 | 165,570 | × | 12 ヶ月 | 1,986,840 |
| o2)年間駐車場収入 | 月収入 | 3,240 | × | 12 ヶ月 | 38,880 |
| o3)その他収入 | | | | | 0 |
| p)経常収入合計 | | | | | 2,025,720 |

経常支出 （単位:千円）

| 科目 | 内訳 | | | | | | 金額 |
|---|---|---|---|---|---|---|---|
| q)建物設備維持管理費 | 建物取得費 | 12,527,990 | ×修繕積立金 | 0.100 | | | 1,252,799 |
| r)火災保険料 | 建物取得費 | 12,527,990 | ×保険料率 | 0.001 | | | 12,528 |
| s)土地公租公課 | | | | | | | |
| 課税標準税額の算定 | 土地路線額 | 7,994,250 | × | 0.700 | = | 5,595,975 | |
| s1)固定資産税 | 評価額 | 5,595,975 | ×税率 | 0.014 | | | 78,344 |
| s2)都市計画税 | | 5,595,975 | ×税率 | 0.003 | | | 16,788 |
| t)建築公租公課 | | | | | | | |
| 課税標準税額の算定 | 建築工事費 | 12,527,990 | ×割合 | 0.600 | = | 7,516,794 | |
| t1)固定資産税 | 課税標準税額 | 7,516,794 | ×税率 | 0.014 | | | 105,235 |
| t2)都市計画税 | 課税標準税額 | 7,516,794 | ×税率 | 0.003 | | | 22,550 |
| u)合計 q+r+s1+s2+t1+t2 | | | | | | | 1,488,244 |

## 4.減価償却

減価償却対象 （単位:千円）

| 科目 | 償却対象金額 | 建築:設備比率 | 償却期間(年) | 償却方法 | 内訳 |
|---|---|---|---|---|---|
| 建築 | 8,346,793 | 0.65 | 40 | 定額法 | (f+g+k+i)×0.65 |
| 設備 | 4,494,427 | 0.35 | 15 | 定額法 | (f+g+k+i)×0.35 |
| 開業費 | 658,972 | | 5 | 定額法 | j |

減価償却費の計算過程 （単位:千円）

| | | 償却率 | 初年度 | 2年度 | 3年度 | 4年度 | 5年度 | 6年度 | 7年度 | 8年度 | 9年度 | 10年度 | 11年度 | 12年度 | 13年度 | 14年度 | 15年度 | 16年度 | 17年度 | 18年度 | 19年度 | 20年度 |
|---|---|---|---|---|---|---|---|---|---|---|---|---|---|---|---|---|---|---|---|---|---|---|
| 建築 | 期首簿価(初年度は償却対象金額) | | 8,346,793 | 8,129,776 | 7,912,760 | 7,695,743 | 7,478,726 | 7,261,710 | 7,044,693 | 6,827,677 | 6,610,660 | 6,393,643 | 6,176,627 | 5,959,610 | 5,742,593 | 5,525,577 | 5,308,560 | 5,091,544 | 4,874,527 | 4,657,510 | 4,440,494 | 4,223,477 |
| | A)償却費(償却対象金額×償却率) | 0.026000 | 217,017 | 217,017 | 217,017 | 217,017 | 217,017 | 217,017 | 217,017 | 217,017 | 217,017 | 217,017 | 217,017 | 217,017 | 217,017 | 217,017 | 217,017 | 217,017 | 217,017 | 217,017 | 217,017 | 217,017 |
| | 期末簿価 | 期首簿価-償却費 | 8,129,776 | 7,912,760 | 7,695,743 | 7,478,726 | 7,261,710 | 7,044,693 | 6,827,677 | 6,610,660 | 6,393,643 | 6,176,627 | 5,959,610 | 5,742,593 | 5,525,577 | 5,308,560 | 5,091,544 | 4,874,527 | 4,657,510 | 4,440,494 | 4,223,477 | 4,006,461 |
| 設備 | 期首簿価(初年度は償却対象金額) | | 4,494,427 | 4,194,798 | 3,895,170 | 3,595,541 | 3,295,912 | 2,996,284 | 2,696,655 | 2,397,027 | 2,097,398 | 1,797,769 | 1,498,141 | 1,198,512 | 898,884 | 599,255 | 299,626 | -2 | -2 | | | |
| | B)償却費(償却対象金額×償却率) | 0.066667 | 299,629 | 299,629 | 299,629 | 299,629 | 299,629 | 299,629 | 299,629 | 299,629 | 299,629 | 299,629 | 299,629 | 299,629 | 299,629 | 299,629 | 299,629 | 0 | 0 | | | |
| | 期末簿価 | 期首簿価-償却費 | 4,194,798 | 3,895,170 | 3,595,541 | 3,295,912 | 2,996,284 | 2,696,655 | 2,397,027 | 2,097,398 | 1,797,769 | 1,498,141 | 1,198,512 | 898,884 | 599,255 | 299,626 | -2 | -2 | -2 | | | |
| 開業費 | 期首簿価(初年度は償却対象金額) | | 658,972 | 527,178 | 395,383 | 263,589 | 131,794 | | | | | | | | | | | | | | | |
| | C)償却費(償却対象金額×償却率) | 0.200000 | 131,794 | 131,794 | 131,794 | 131,794 | 131,794 | | | | | | | | | | | | | | | |
| | 期末簿価 | 期首簿価-償却費 | 527,178 | 395,383 | 263,589 | 131,794 | 0 | | | | | | | | | | | | | | | |

## 5.借入金返済計画

（単位:千円）

| | | | | | | | | | | | | |
|---|---|---|---|---|---|---|---|---|---|---|---|---|
| 返済期間10年) | | 0.10 | | | | | | | | | | |
| D)期首借入金額 | | 12,568,852 | 12,568,852 | 11,311,967 | 10,055,082 | 8,798,197 | 7,541,311 | 6,284,426 | 5,027,541 | 3,770,656 | 2,513,770 | 1,256,885 |
| E)利率 | | 0.05 | 0.05 | 0.05 | 0.05 | 0.05 | 0.05 | 0.05 | 0.05 | 0.05 | 0.05 | 0.05 |
| F)支払利息 | D)×E) | | 628,443 | 565,598 | 502,754 | 439,910 | 377,066 | 314,221 | 251,377 | 188,533 | 125,689 | 62,844 |
| G)返済額 | D)/返済年数 | | 1,256,885 | 1,256,885 | 1,256,885 | 1,256,885 | 1,256,885 | 1,256,885 | 1,256,885 | 1,256,885 | 1,256,885 | 1,256,885 |
| H)期末借入金額 | D)-G) | | 11,311,967 | 10,055,082 | 8,798,197 | 7,541,311 | 6,284,426 | 5,027,541 | 3,770,656 | 2,513,770 | 1,256,885 | 0 |

## 6.収支計画

（単位:千円）

| | 科目 | 算式 | 初年度 | 2年度 | 3年度 | 4年度 | 5年度 | 6年度 | 7年度 | 8年度 | 9年度 | 10年度 | 11年度 | 12年度 | 13年度 | 14年度 | 15年度 | 16年度 | 17年度 | 18年度 | 19年度 | 20年度 |
|---|---|---|---|---|---|---|---|---|---|---|---|---|---|---|---|---|---|---|---|---|---|---|
| 損益計算書 | | | | | | | | | | | | | | | | | | | | | | |
| 収益 | 経常収入 | | | | | | | | | | | | | | | | | | | | | |
| | 2)賃料他収入(5年毎5%UP) | p)の値 | 2,025,720 | 2,025,720 | 2,025,720 | 2,025,720 | 2,127,006 | 2,127,006 | 2,127,006 | 2,127,006 | 2,127,006 | 2,233,356 | 2,233,356 | 2,233,356 | 2,233,356 | 2,233,356 | 2,345,024 | 2,345,024 | 2,345,024 | 2,345,024 | 2,345,024 | 2,462,275 |
| | 3)資金運用益 | 前年度14)×0.02 | 0 | -1,819 | -562 | 694 | 1,951 | 5,234 | 6,491 | 7,748 | 9,005 | 10,261 | 12,403 | 13,189 | 13,189 | 13,189 | 13,189 | 14,585 | 12,337 | 12,337 | 12,337 | 12,337 |
| | 4)経常収入の合計 | 2)~3)の合計 | 2,025,720 | 2,023,901 | 2,025,158 | 2,026,414 | 2,128,957 | 2,132,240 | 2,133,497 | 2,134,754 | 2,136,011 | 2,243,618 | 2,245,759 | 2,246,545 | 2,246,545 | 2,246,545 | 2,358,213 | 2,359,609 | 2,357,361 | 2,357,361 | 2,357,361 | 2,474,613 |
| 費用 | 5)経常支出 | u)の値 | 1,488,244 | 1,488,244 | 1,488,244 | 1,488,244 | 1,488,244 | 1,488,244 | 1,488,244 | 1,488,244 | 1,488,244 | 1,488,244 | 1,488,244 | 1,488,244 | 1,488,244 | 1,488,244 | 1,488,244 | 1,488,244 | 1,488,244 | 1,488,244 | 1,488,244 | 1,488,244 |
| | 6)借入金支払利息 | E)の値 | 628,443 | 565,598 | 502,754 | 439,910 | 377,066 | 314,221 | 251,377 | 188,533 | 125,689 | 62,844 | 0 | 0 | 0 | 0 | 0 | 0 | 0 | 0 | 0 | 0 |
| | 7)減価償却(定額法) | A)+B)+C) | 648,440 | 648,440 | 648,440 | 648,440 | 648,440 | 516,645 | 516,645 | 516,645 | 516,645 | 516,645 | 516,645 | 516,645 | 516,645 | 516,645 | 516,645 | 217,017 | 217,017 | 217,017 | 217,017 | 217,017 |
| | 8)支出総合計 | 5)+7)の合計 | 2,765,126 | 2,702,282 | 2,639,438 | 2,576,594 | 2,513,749 | 2,319,111 | 2,256,266 | 2,193,422 | 2,130,578 | 2,067,734 | 2,004,889 | 2,004,889 | 2,004,889 | 2,004,889 | 2,004,889 | 1,705,261 | 1,705,261 | 1,705,261 | 1,705,261 | 1,705,261 |
| 利益 | 9)税引前利益 | 4)-8) | -739,406 | -676,562 | -613,718 | -550,874 | -386,743 | -192,105 | -129,260 | -66,416 | -3,572 | 165,623 | 228,467 | 228,467 | 228,467 | 228,467 | 340,135 | 639,763 | 639,763 | 639,763 | 639,763 | 757,015 |
| | 10)法人税等 | 9)×0.375 | 0 | 0 | 0 | 0 | 0 | 0 | 0 | 0 | 0 | 62,109 | 85,675 | 85,675 | 85,675 | 85,675 | 127,551 | 239,911 | 239,911 | 239,911 | 239,911 | 283,880 |
| | 11)税引後利益 | 9)-10) | -739,406 | -676,562 | -613,718 | -550,874 | -386,743 | -192,105 | -129,260 | -66,416 | -3,572 | 103,514 | 142,792 | 142,792 | 142,792 | 142,792 | 212,584 | 399,852 | 399,852 | 399,852 | 399,852 | 473,134 |
| 資金計算書 | | | | | | | | | | | | | | | | | | | | | | |
| | 12)借入金返済額 | G)の値 | 1,256,885 | 1,256,885 | 1,256,885 | 1,256,885 | 1,256,885 | 1,256,885 | 1,256,885 | 1,256,885 | 1,256,885 | 1,256,885 | 0 | 0 | 0 | 0 | 0 | 0 | 0 | 0 | 0 | 0 |
| | 13)借入金残高 | H)の値 | 11,311,967 | 10,055,082 | 8,798,197 | 7,541,311 | 6,284,426 | 5,027,541 | 3,770,656 | 2,513,770 | 1,256,885 | 0 | 0 | 0 | 0 | 0 | 0 | 0 | 0 | 0 | 0 | 0 |
| | 14)返済後キャッシュ | 7)+11) | -90,967 | -28,122 | 34,722 | 97,566 | 261,696 | 324,541 | 387,385 | 450,229 | 513,073 | 620,159 | 659,437 | 659,437 | 659,437 | 659,437 | 729,229 | 616,869 | 616,869 | 616,869 | 616,869 | 690,151 |
| | 15)同累計 | 14)の累積値 | -90,967 | -119,089 | -84,367 | 13,199 | 274,895 | 599,436 | 986,821 | 1,437,050 | 1,950,123 | 2,570,283 | 3,229,720 | 3,889,157 | 4,548,594 | 5,208,031 | 5,937,261 | 6,554,129 | 7,170,998 | 7,787,867 | 8,404,736 | 9,094,887 |
| | 16)投下資本回収 | 15)-13)-I) | -11,521,044 | -10,292,281 | -9,000,674 | -7,646,223 | -6,127,641 | -4,546,215 | -2,901,945 | -1,194,831 | 575,128 | 2,452,173 | 3,111,610 | 3,771,047 | 4,430,484 | 5,089,921 | 5,819,151 | 6,436,019 | 7,052,888 | 7,669,757 | 8,286,626 | 8,976,777 |

備考:10)法人税は工事期間中に発生した費用を計上し、11)税引き前利益が黒字になるまで累積赤字が続くものとする。従ってこの欄は11)赤字年度は最後に手入力で0値を入れ補正する。

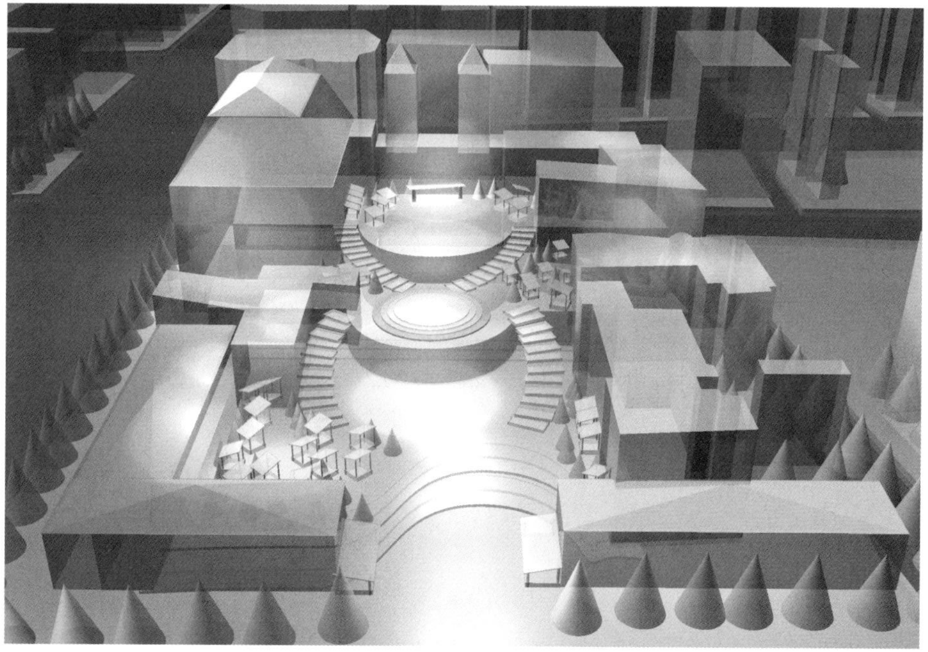

## 事業収支モデル

ここでの事業収支モデルは、3DCG モデルの水平断面が抽出できたらすぐに事業収支ができるようにしている。さらには詳細な情報よりも収支の全体構造を理解するほうが先決と考えている。そこでここでは事業収支を初めて行う学生用に様式を設定している。減価償却では定額法で簡略化し、借入金額は当該年度の借入金の総額に利息率を計上するなど一般事業収支の計算よりは簡略化してある。またハッチのついた欄に所定の値を入れれば全体の計算ができるように表のセルには関数を設定してある。建築のような規模の小さいプロジェクトでは、コンセプトチャート、スケマティックデザイン、事業収支と続けて制作することでプロジェクト提案の全体像をつかむことが容易であり、そして何回もこのプロセスを繰り返してさまざまな事業案を検討することができる。

図 5. スケマティックデザインの 3DCG 化 ( 制作 : 小川直茂 )

判断をすべきです。したがって事業収支モデルは、例えば消費需要の算出などと同様に、コンセプトクリエイションのひとつのプロセスになります。

事業収支モデルは、現在では誰でも計算プログラムを用いて容易に設定できますし、解説の類書も多いうえに用いる数字は流動的です。ここでは、コンセプトクリエイションと関わる部分の概略的な説明にとどめておきます。

## 5.7　プロポーザルとプレゼンテーション

コンセプトチャート、マーチャンダイジング、スケマティックデザイン、事業収支という論理上の尾括・追補式構造によって、環境デザイン分野におけるコンセプトクリエイション(提案の骨格)ができたことになります。これらを編集すれば提案のためのプロポーザル(提案書)になり、これを社会的に公開することがプレゼンテーションです。そうしたプロポーザルの編集方法には、提案者の個性がでるでしょう。しかし論理に沿って、体系的に、順序よく、そして魅力的に編集するということには変わりがありません。またひとつの提案を他者と共有し共通の認識をもつという点でもプロポーザルはたいへん重要な存在です。そうしたプロポーザルの実例を次頁以降の図6〜10［注2］で示しました。

これらのコンセプトクリエイションは、2004年に筆者の研究室が中国の民間企業から依頼を受けて制作したものです。中国江蘇省溧陽市(リーヤン市)にある人造湖天目湖の近くに観光従事者と新規居住者を想定し、7.98km²の土地に人口5万人の都市を計画しようとするプロポーザルの日本語版です。このコンセプトクリエイションを用いて実際の提案内容を解説します。

まず図6のコンセプトチャートは、この都市づくりの基本的な考え方を提案しています。本書の解説のため上下に説明文を加筆しました。チャートの書式でいえば赤丸で囲った下部がカテゴリとなり、課題、方針、コンセプトテーマ、これに関わるサブコンセプト、シンボルマークやイメージ、そして導入機能という横に順に展開する論理上の骨格を形成しています。脇役的な提案内容は線を上限に引き出して示しています。言葉で語れない提案には、画像を掲載しました。またひとつのカテゴリ内の記述方法は、まず結論を先に書きます。そして読みやすさという視点からフォントの大きさや種類への配慮が重要になります。ついで中見出し、簡潔な提案内容という順で書きます。つまり新聞の書き方と同じです。一番提案したいコンセプトテーマは、書体を大きくし色を付けて表示しています。このようにひと言で言いたいところ、多数のアイデアを同列に示したいところなどを明解に区分して編集してゆきます。ですから編集という方法はたいへん重要な技法なのです。

続いて次頁図7は、機能概念図です。コンセプトテーマである健康というテクニカルタームに従い、この都市個性となる健康面での導入機能とその相互の関係性を示しました。こうした機能を関連づけることによって相乗効果の高い施設形成を図ろうとするのが現代都市開発手法のひとつです。図8は、新しい都市のマスタープランです。通例は住宅用地、商業用地、公共用地といった土地利用区分と道路計画を提案します。これによって言葉を種とする提案から、ようやく空間として表現できる段階まできました。さらに図9は、そうした土地利用のひとつである中層街区における空中院子(中庭)を配置した建築のスケマティックデザインです。さらに図10は、この都市のなかで最もシンボル的な環境である生態園林特区と読んでいる1民居当たり1,000m²の敷地を有する集落群のスケマティックデザインです。プロポーザルが社会的に公開されると、こうしたスケマティック・デザインだけがひとり歩きし情報が伝わることがあります。したがって特に主張したい提案には、こうしたコンセプトに合致したスケマティック・デザインによるビジュアル表現が果たす役割は大変大きいわけです。

さてもう少し機能連関図について補足しておきます。図11［注3］は、大学内のある産学協同プロジェクト構想を提案したときのものです。これはコ

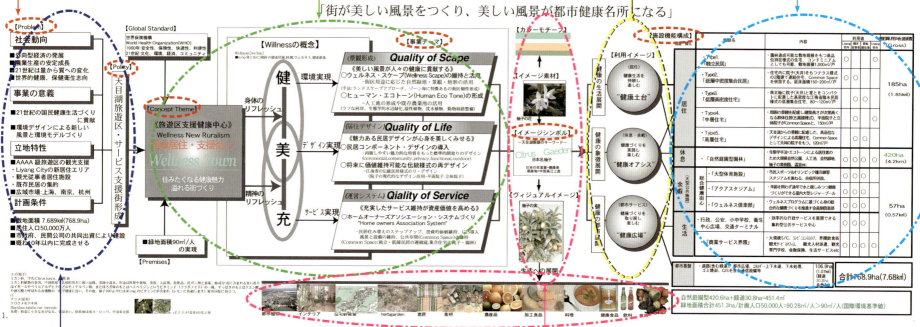

図6　コンセプトチャート　中国江蘇省リーヤン市天目湖新鎮総合計画策定プロジェクト　840 × 297mm　2004年

図10　生態園林特区スケマティックデザイン

■中国江蘇省リーヤン市天目湖新鎮コンセプトワーク、マスタープラン、スケマティックデザイン
　2004年、中国江蘇省の国家AAAクラスの人造湖天目湖に隣接し、保養地リゾートを意図した人口5万人の都市計画の事業コンペティションに応募したいという依頼が中国民間ディベロッパーからあった。計画地面積7.98k㎡、標高70mほどの丘を除けば平たんな大地が続き数多くの農業用ため池が点在する閑静な農業地帯であった。そこでこの農業資源を生かした都市を計画した。そのコンセプトを"CITLUS GARDEN"、この周辺で栽培されている柑橘類をモチーフとする農産品、加工・健康食品や化粧品、食材、料理といった新規ビジネスを地域個性とし、スポーツ特化型余暇機能、心身保養機能、健康治療機能を有する健康保養都市づくりを提案した。デザイン上は、多数あるため池をつなぎ人口運河網を形成しつつ、唯一のランドマークとなる丘の南面には、この都市で最大の人造湖を造成し1住戸敷地面積1,000㎡の中国伝統民居様式を用いた集落群による「生態園林特区」を設けた。こうした計画案策定過程を通じて、庭園の策定方法に日本人と中国人とでは少し美意識が違う点がおもしろかった。日本人は民家の縁側とする近景観、中景として池を設け、遠景として築山を眺める景観を旨とする回遊式庭園だが、中国人は、まず水辺の近景観があり、次いで中景観として民家群があり、遠景観として山を要し、回遊は意識しないという景観を構成する要素の順序が違うのである。人口5万人分の民居、都市機能、そして計画地の1/2近くを植栽とする緑ある都市の計画案が約4カ月で完成した。私達の提案は世界のコンサルタント企業と競って勝利し開発権を手に入れたが、その後中国政府の開発抑制政策の影響を受け、まだ実現をみていない。

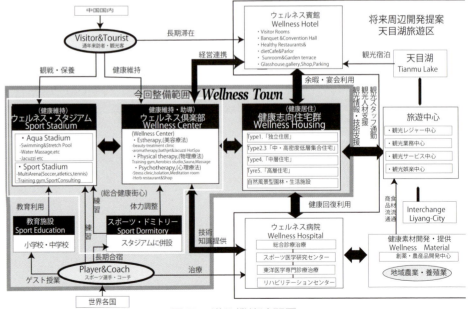

図7．導入機能連関図

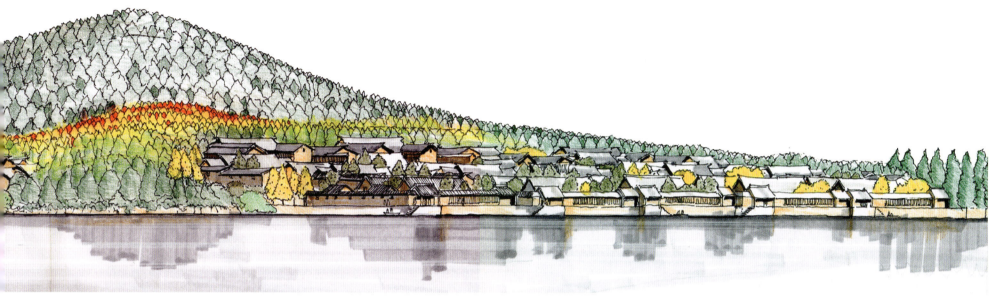

図8. マスタープラン

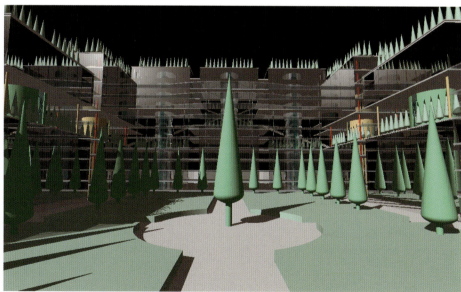

図9. 建築のスケマティックデザイン

ンセプトに続いて書いた機能連関図であり、新たに導入すべき機能の構造や外部機能などとの関係性の体系を表したチャートです。中央の太線で囲まれたブロック内の機能が新たに大学で行いたいとする事業提案であり、これを支える顧問組織の候補、研究参画パートナーとして外部機関、行政や研究所といった外部の事業パートナー、安定した運営を意図した収益事業化をするためのテナント案、さらには市民との関係といった、これら一連の関係性を矢印で示しています。こうすることで事業の機能面での全体構造を語ることができます。さらに下段には、こうしたプロジェクトを推進してゆくための概略スケジュールや、事業組織の機構や運営組織体系について記述しています。

　ここで大切なことは、事業のフレームを明解に分けて記述することです。

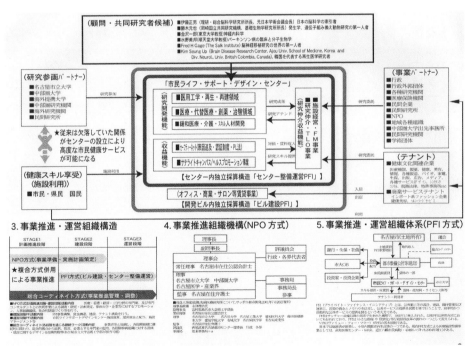

図11　機能連関図の表現

ここでは機能連関図、組織スケジュール、推進組織、運営体系といったようにフレームごとに分けてチャート化しています。すべてを1枚の図で語ろうとすれば、本来複雑な構造がさらに複雑化を増し、たいへん理解しがたいチャートになります。明解になるはずのチャートがそれでは逆効果となります。ですからフレームを分けて整理して表現するということが重要になります。

## 5.8　コンセプトクリエイションの役割

　これまで述べてきたコンセプトクリエイションを、プロデュースの始動期活動のなかに位置づけたものが次頁図12です。始動期には、通例プロジェクト対象に関する多角的な視点からリサーチワークがなされます。こうしたリサーチ結果に基づいて、提案を創造してゆくことがコンセプトクリエイションです。図示したように、これまで述べてきた内容に、さらに個別的な提案が加えられ、最後にフィジビリティスタディを伴います。これらが、コンセプト・クリエイションにおける必要最小限のプロポーザルの構成です。

　そしてコンセプトクリエイションでつくりだされた提案は、次のプロジェクト・ワークの仕様書となり、以後のプロジェクトを推進してゆく活動のなかでは、指導理念を示し、さまざまな事業における指針や評価基準となり、多くのプロジェクト関係者間の共通認識となってゆきます。つまりプロジェクトのプロデュースをしてゆくための脚本、それがコンセプトクリエイションの役割です。

　こうした脚本をもとにしてプロデュースは、プロジェクトを始動させる段階、プロジェクトを推進し実現してゆく段階、そしてプロジェクト後のシステムや施設が実際に運用され利用されてゆく段階に対して継続的に関与してゆきます。理想的に言えば、最後の段階は、完成後のシステムや施設が寿命を終え廃棄されるまで関与するということです。具体的にいえば、そこには、

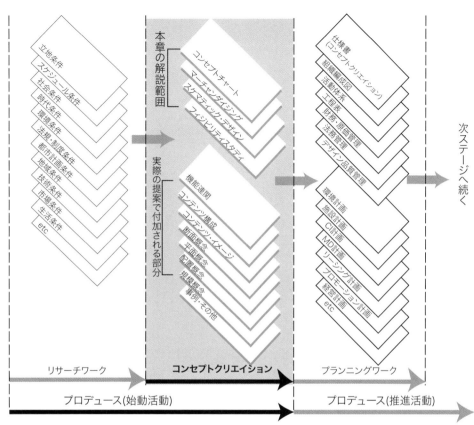

図12. コンセプトワークの位置付け

地球環境に対する人間活動による負荷の低減という大きな課題があります。そしてプロデュース活動はこうした「もの・こと」の寿命について、つくろうとする責任、つくりあげる実現責任、つくった後の責任があるということです。(これについては別の機会に詳しく述べたいと思います。)

ここがプロデュース活動と企画との違いのひとつです。企画では、提案者自らが、プロジェクト全体に継続的に関与したり、これを指揮したり、そして提案に責任をもつということはありません。したがって企画のプロポーザルは無責任(実現責任がないことを前提とする意味)といえます。

最後にもうひとつ加筆すると、世の人々にできないと思われていることを、人々が予想もしなかった方法で実現してゆくことこそがプロデュースです。逆にできそうだと思われていることを行うことはルーティンワークにほかなりません。それゆえにプロデュースには、「もの・こと」の寿命を見通し、論理や構造や実現方法を明瞭にしてゆく脚本が必要です。それがコンセプトクリエイションだといえます。

先に述べたコンセプトワークの筋道に従い、why、whatに続く、whoをMDによって提案し、howのスケマティックデザインをCGとスケッチによって表現しています。こうした一連の論理や構造をもった提案書がプロポーザルです。

これは社会現象と解釈していますが、チャートのブロックのなかの言葉だけを改ざんしたり、逆に図の一部だけをつくり変えたりしたチャートをさまざまな機会でみかけます。ときには白紙のチャートだけがCDデータベースとして企画本のハウツー書に添付されたりしています。なかにはコンセプトワークは見栄えのある図をつくるプレゼンテーションツールだというはなはだしい誤解もあります。概念の性質や関係を無視し、言葉の整理も行わず、提案内容に不適切な図が使用され、提案内容の性格からしておよそ不必要なイラスト化や漫画化によって相手に対しておもねる、といった非プロポーザルがあるのも現実です。よくよく考えればわかることですが言葉や図の差替えでこと足りるような仕事とは、コンセプトクリエイションではなく定型的作業が連続するルーティンワークです。ルーティンワークで必要なのはコンセプトではなくマニュアルにほかならないと思います。

チャートによるコンセプトワークの表現は、言葉やイメージを構造化し、伝達内容を視覚的にかつ適切な内容を効果的に表現しようとするものです。ここでは、言葉からチャート、そしてデザインに至る過程をみてきましたが、チャートには、もうひとつの特徴があります。それは逆にチャートを書きな

がら提案を発想してゆくことです。私自身もそうなのですが、言葉やイメージとチャートとを同時に考えながら提案をつくってゆくことができます。つまりチャートはクリエイションのためのエスキース・ツール、あるいは知的創造のためのツールにもなります。

こうしたチャートによる表現は、私達の頭のなかにある考え方やイメージを顕在化し創造してゆくツールであり、現代社会では、多くの分野で必要とされる手法のひとつだといえます。

## 5.9 まとめ

コンセプト・クリエイションには、さまざまな表現方法そして編集方法があります。それはプロジェクトの目的によって、相手によって、提案内容によって異なってきます。したがってこう書けばよいとか、これが正解だというものはありません。さらにいえば、コンセプトをつくる人間によっても違います。だからこそクリエイションなのです。次頁以降で、私の研究室が実際に関わった一連のコンセプトクリエイションのプロポーザルあげておきます。以下にこれらのプロジェクトの意図を簡単に説明しておきます。

■愛知県一宮市開発型インターチェンジ構想2003年［注4］

図13は、土木系コンサルタント企業からの依頼があり、新規事業研究を目的とし作成したプロポーザルであり、実現を意図したものではありません。この基本コンセプトをI.Cフロントとしています。つまりウォーターフロント(沿岸開発)やステーションフロント(駅前開発)といったように、高速道路のインターチェンジにも同様の開発ができないかとするのが研究テーマでした。それをインターチェンジ・フロント(I.Cフロント)という言葉で表しています。モデルは愛知県一宮インターチェンジ周辺の農地約10万㎡を対象地として選びました。従来のインターチェンジの交通機能に、他の複数の機能を導入し、機能複合した都市拠点として考えられないかとするのが研究テーマでした。

ここで提案したプロポーザルは、アナリシス、コンセプトチャート、スケマティックデザインの3視点から構成しています。

アナリシスでは、開発モデルタイプとして複数タイプのモデルをつくり、このなかの1モデルをベースにして提案を進めました。こうした提案の場合、それがどれだけの需要を引き起こせるかというニーズ把握が重要な関心事となります。そこで高速道路網を利用して、どの範囲からどれだけの訪問者がいるのかを試算したのが集客需要であり、ここから提案のための諸条件を導き出しています。

アナリシスで抽出された諸条件に従い、ここでは3つの課題としてまず、インターチェンジ集客という新しい集客方法があることを示唆しています。次いで繊維という地場産業を発展的に継承する施策として新業態開発を課題としてあげました。最後に高速道路事業者が行おうとする新規開発事業の存在があります。それは従来のサービスエリアの経営から、地域や中部圏の都市形成にプラスの影響を与える新規事業でもあります。こうした複数の課題を集約すると、高速道路事業の新規展開であり、地域や都市のサービス拠点形成としてまとめられます。これをひと言でいい表したのがコンセプトテーマです。ここでは次世代ハイウェイビジネスモデル「I.C FRONT」というテーマを掲げました。施設でいえば世界の商品あるいはITを集積させたWORLD VALUE CENTERです。そしてI.C FROTという概念は、3つの下位のサブコンセプトで構成されます。それがマーチャンダイジング、デザイン、ライフスタイルです。これらは計画上同列に並ぶ並位概念です。このようにいくつかの概念の上位関係を、提案目的に沿って提案者なりに定義づけてゆくことが大切となります。そしてこの施設のマーチャンダイジング、つまり中身の提案が続きます。こうして延床面積30万㎡の都市拠点となります。そこには商業サービス、業務、そして地域や大都市部を結ぶ高速バス

や路線バスのターミナルが設けられます。

　さらにコンセプトをイメージ化したのが、スケマティックデザインです。敷地の大きさには整合性をもっていますが建築デザインは設計をしていませんので建設方法を概念的に提示するのにとどめています。そして最後にこの施設の中心部分の利用イメージをスケッチにしてあります。

　このようにアナリシス、コンセプト、スケマティック・デザインと一貫したプロポーザルによってひとつの提案ができます。こうして実際のロケーションを用いてスタディしながら事業実現の可能性を探る研究プロポーザルとなりました。実際の場面では、こうしたプロポーザルが複数つくられ多くの場面で公開され、そして検討されながら最適な方法を模索してゆきます。

■名古屋市金山駅北口地区構想 1997年［注5］

　名古屋市は、現存する金山南ビルと同様規模の施設開発を計画していました。しかし当時日本の経済状況の停滞から整備が進まなかったのがこの金山駅北口地区です。そこで私の研究室に実現可能なコンセプトクリエイションの依頼がありました。まずこの地域の消費需要を試算し、結果として店舗部分の売場面積約14,000㎡程度ならば周辺商業に影響を与えることなく新たに整備可能だという結果になりました。この試算結果に基づき低容積型の施設提案をしたものです。同時に高層ビルなどを要するフル容積型の構想も考えたいとする意向が名古屋市にはありました。そこで図14、図15で示したように低容積型とフル容積型の2案のコンセプト・チャートとスケマティックデザインを提案したものです。結果は低容積型が採用され、現在「明日なる金山」として整備されています。この市の選択は正しく、低容積型の整備によって周辺の商業活性化の契機となり、現在金山駅周辺の商業集積が進んでいます。当初名古屋市が計画していた金山駅周辺の副都心化の契機となりました。このように都市整備は、小さな契機が次の事業へといった具合に連鎖反応する構造が特徴です。だから戦略が必要だということもできるでしょう。

このようにコンセプトクリエイションは、建築の設計に比べればはるかに労力も時間も少なくてすみ、多数の事業の可能性を探る点でも大変有効な方法になります。

■JR中央線高架下開発事業 2006年［注6］

　コンセプトチャートの表現方法は多彩です。これまで述べてきた表現方法とは異なった表現を示したのが図16です。これはコンセプト以前の鉄道企業の望まれる姿を俯瞰したものであり、鉄道事業全体を捉え私達が進めようとしている下位の鉄道高架下利用提案につなげたものです。このチャートは、まち、駅舎、鉄道敷という基本的3概念とその関係性から、高架下利用、鉄道事業の相補的関係、駅舎を含む街づくりとの関係、ポリシー、そして5タイプの駅舎の開発事業コンセプトとスケマティック・デザインや街の形成についてなどを包括的に提案したものです。このようにチャートは、これまでの知見を踏まえながら多様な表現が可能です。チャートは多様な構造を論じ語れるということの証左であり、有効な知的創造のツールといえます。

■愛知県豊橋駅前日曜市の提案 2006年［注7］

　図17は、花卉類生産量日本一の豊橋駅前で仮設の「市」をしてはどうかというコンセプトチャートと一緒に提案したスケマティックデザインです。ここには、建築という物の存在はありません。コンセプトクリエイションは事的世界の提案をすることもできるという事例です。


　このようにコンセプトクリエイションは、論理の形式を踏まえながら、さまざまな構造や表現に発展させることができます。これがまさにクリエイションと呼ぶゆえんなのです。これ以上のことは掲載したコンセプトチャートで語ってもらうことにして、それらを見比べながらコンセプトクリエイションの参考にしていただき本章のまとめとします。

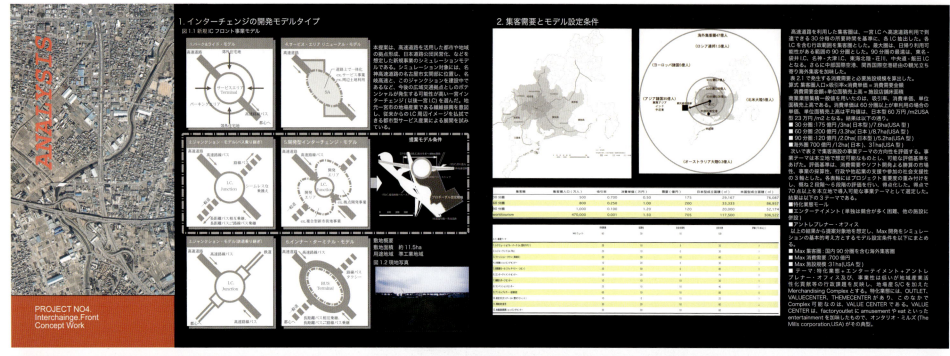
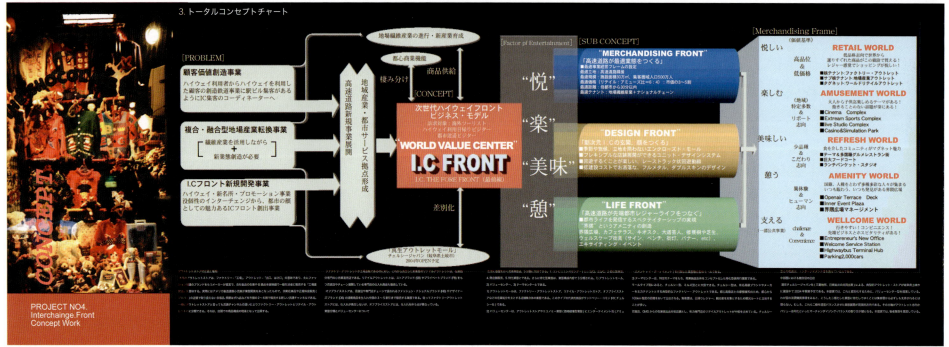

図13. 愛知県一宮インターチェンジ開発構想プロポーザル

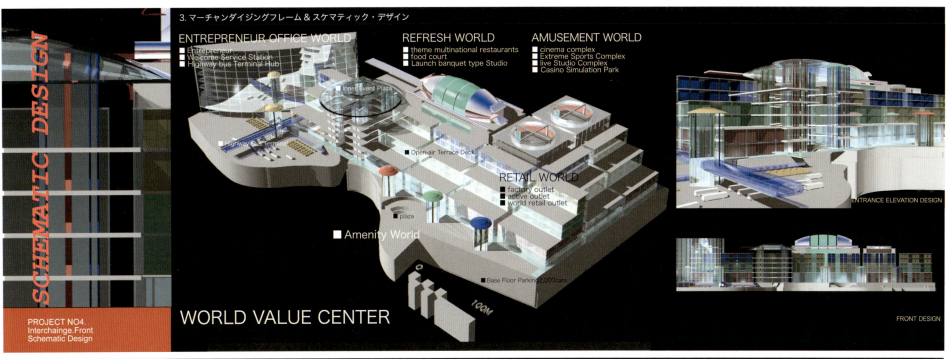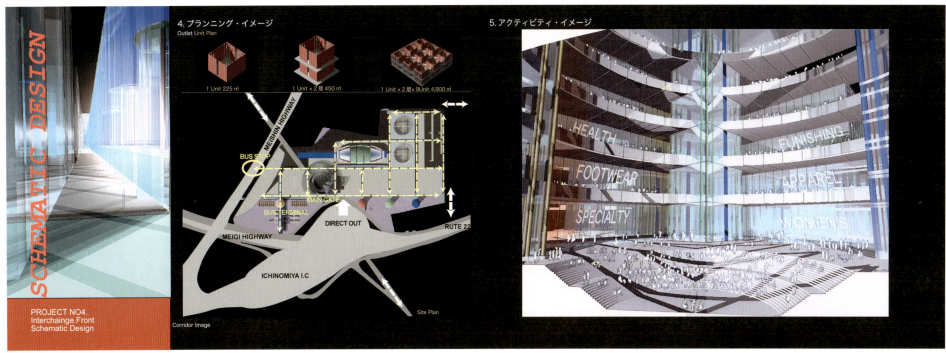

■名古屋市金山駅北口プロジェクト　仮設型モデルの提案

　当時の名古屋市住宅都市局から金山駅北口地区整備の相談を受けた。駅舎を含むこの地区は歩き回っても10分とかからない小さなエリアである。本来金山駅南口同様に高層ビル化の計画は見込めなかったが金山駅周辺地区の副都心化を掲げ賑わい性ある駅前の顔が欲しいという名古屋市の姿勢は変わらなかった。そこで駅前の開発とともに地区内に2つの人々が滞留できるコアを設定した。こうした地区内のコアを回遊できるルートが設定できそうだ。そんな街の空気を感じながら歩き回る姿をイメージしたとき、それは森林浴にも似た心のリフレッシュ感があるのではないかと考えた。そこでコンセプトを森林浴同様に、街を歩き回ることで心身のリフレッシュ効果を期待したいとする造語である「都市浴」とした。現在駅前に「明日なる金山」として商業施設が実現されている。

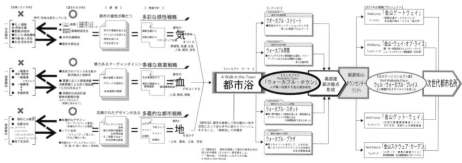

図14．名古屋市金山駅北口地区構想時の仮設型モデルのコンセプトチャートとスケマティックデザイン

■名古屋市金山駅北口プロジェクト　常設フル容積モデル提案

　仮設型の提案直後にフル容積で開発したらどのようなコンセプトとイメージになるが検討材料として求められた。本来ならば、都市型の商業、業務、宿泊といった機能を内包する大規模都市開発になるはずであったし、それは名古屋市本来のビジョンでもあった。本モデルは実現こそしなかったが、現在金山駅周辺の商業集積が進み、街自体が副都心としての様相を呈しつつある。そろそろ仮設型から常設型へ再整備の可能性もあるのではないかと思われる。このようにコンセプトワークは、将来のビジョンを比較的短時間に容易に提案することができる。都市再開発の場合、時代状況と市民ニーズを受けながら多段階のビジョンを提示することは有効である。

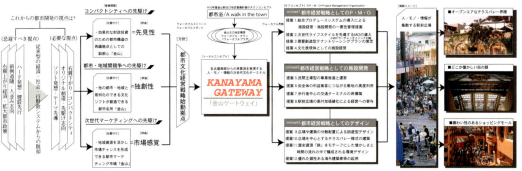

図15．名古屋市金山駅北口地区構想時の常設型フル容積モデル　コンセプトチャートと高度開発型モデル

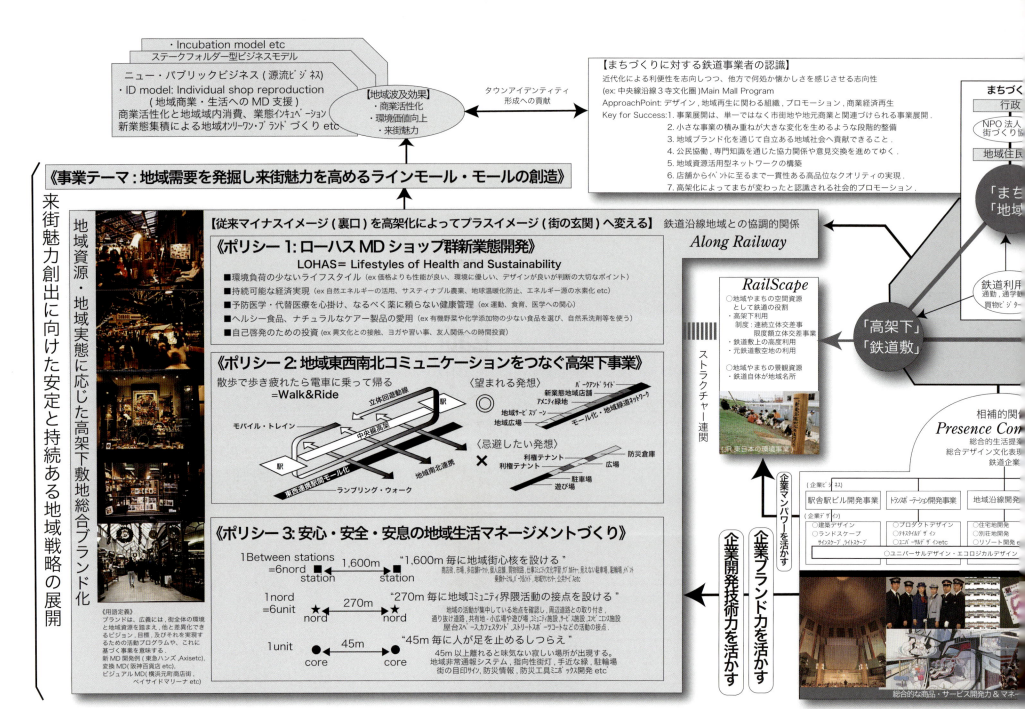

図16. 鉄道事業の開発理念 2006年

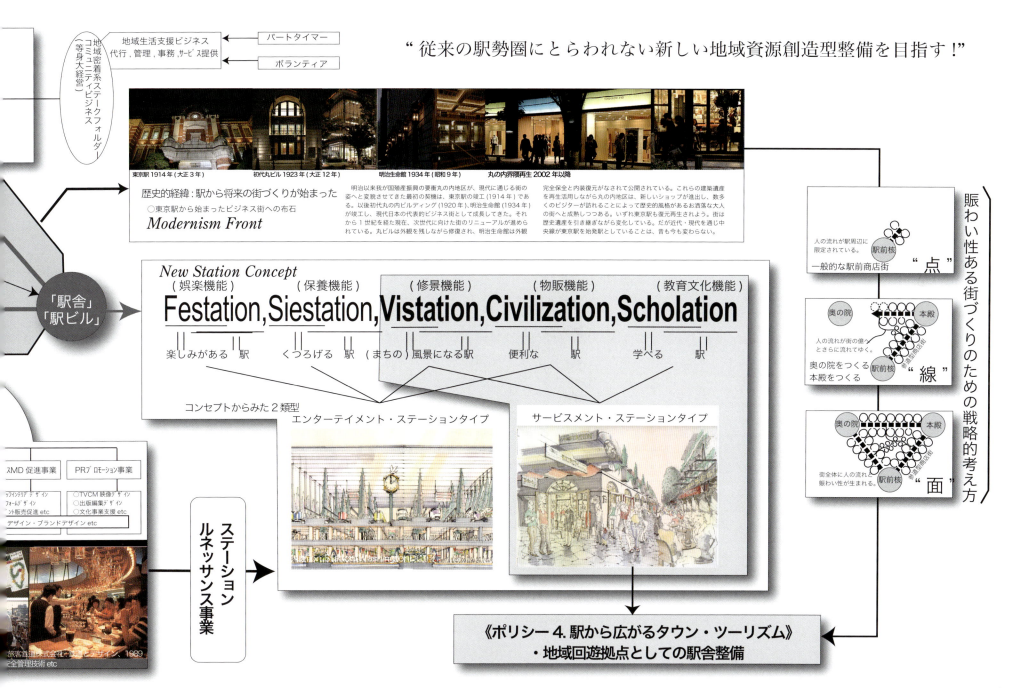

図17 豊橋駅前通り日曜市の提案 2003年

# Part3. IMAGINEERING

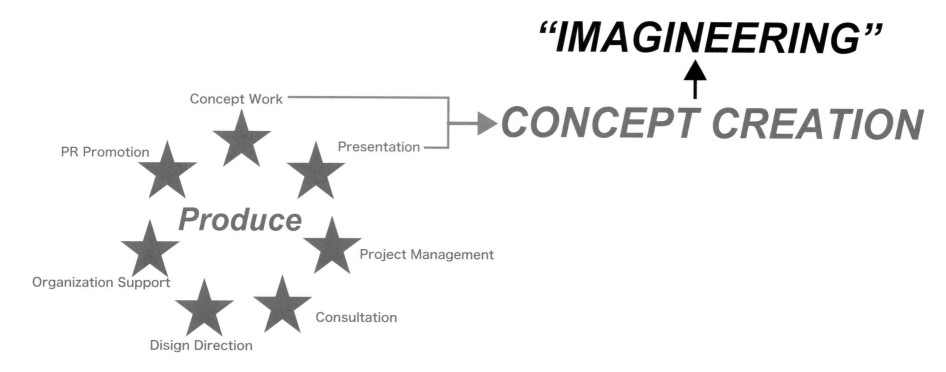

　Part3では、コンセプトクリエイションをどのように勉強していったらよいかについて、これまで私が教育の現場で行ってきた教育プログラムを用いて解説してゆきます。特に最近ではコンピュータを用いることが当然となっています。したがって本書では、コンピュータの特性を生かした仮想環境のデザインと建設現場の仮想体験という2つのテーマを紹介します。建設現場という言葉は少し唐突なのですが、参加者の合意形成をとりながらデザイン建設の過程を体験する方法も仮想環境の世界では可能だと思います。こうした教育プログラムを本書では「イマジニアリング」と呼んでおきます。

# Ch6.　環境デザイン教育におけるイマジニアリングについて

## 6.1　はじめに

　私が専門としている環境デザインの分野は、都市計画、アーバンデザイン、ランドスケープ・デザイン、環境を構成する諸施設のデザイン(土木、建築など)に分類できます。実際に環境デザインが行われている現場では、これら4分類が相互に組み合わされ、輻輳してプロジェクトが進められるなど混沌としているのが現実です。そうしたデザインの現場で、「イマジニアリング」(imagineering)という言葉がありました[注1]。この言葉は、イマジネーションとエンジニアリングを合わせた造語であり、直訳すればイメージ工学や想像工学といった言葉が該当しますが、本書では、環境デザイン教育あるいはイメージ工学のための教育的プログラムと仮定義しておきます。

　イマジニアリングをWEB検索[注2]で調べると、テーマパークやリゾートをデザインしているディズニー・イマジニアリング社が実際にあり、ディズニーによって商標化された経緯をもつ言葉だということがわかります。こうしたマジェスティックな響きをもつあわあわとした言葉は、多義的な意味を付加されながら多くの分野で使われる可能性が高いのですが、私がこの言葉に関心をもつのは、環境デザインの具現化過程そのものを示唆している点にあります。個人的には、デザインや教育の現場での活動を思い起こしてみると、これがイマジニアリングだと認識できる部分が多々あったからです。

　したがって本書では、イマジニアリングと判断できるイメージ構築から実現に至る環境デザイン分野での個人的な経験を踏まえ、私なりにイマジニアリングという環境デザイン教育の方法を探ってゆきたいと考えました。本章では、私が関与した環境デザイン分野の方法であるプロデュース、および環境デザイン分野のひとつに当たるアーバンデザインの2視点をから、イマジニアリングという教育方法の一端を明らかにしてゆくことが目的です。

## 6.2　環境デザイン教育のイマジニアリング

　環境デザインのイマジニアリングに関する教育は、大学の専門過程での演習や実習において他の理論などとともに養成されなければなりませんが、これが他諸理論と異なるのは知識の理解だけではなく、自らが提案をクリエイションできる能力と、これを表現する技術の養成を伴うことです。そこでイマジネーションをデザインへと具現化してゆくクリエイション能力の養成と、これを養成できる体系的な教育プログラムが必要となります。

　私が担当する専門科目の実習授業では、体系的な教育プログラムとして「バーチャル・アイランド・プログラム」(以後V.I.Pと略す)というテーマの実習課題を毎年出題してきました。これを図1に示した実習課題制作テキストとして編集し、実習科目受講生に配布しています。V.I.Pは、過去十数年にわたり本学学部3年生の実習科目で実施してきました。本章では、この教育プログラムに基づいて内容を紹介してゆきます。

図1. バーチャル・アイランド・プログラムのテキストと参考作品

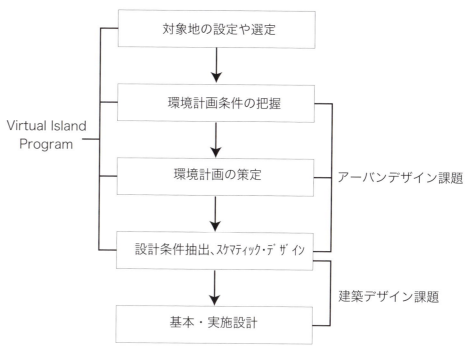

図2. レッスンのフロー

### 6.2.1 バーチャル・アイランド・プログラムの考え方とテキスト

これまでの環境デザイン分野の教育プログラムでは、あらかじめ提案対象地となる敷地や地域等の計画条件を設定した出題が一般的です。これは建築設計事務所や都市コンサルタントなどの業務において、あらかじめ対象地を特定化しながら、地域や敷地などがもっている特性や条件を整理や解析をしつつ、提案に反映させてゆこうとする社会的な実現方法に対応したものです。これに対してV.I.Pでは、まず対象地自体をコンピュータによる仮想環境を受講者自らが制作するところから始まる点が大きな特徴となります。こうした各実習科目の課題ごとの特徴を概念的に表したのが図2です。V.I.Pの教育目的やねらいは、次の2点です。

1) 人間-環境系の関係性を理解させ、これを環境デザインへ反映できる応用力を習得させること。

そのために、すでにある環境の様相が人間と環境との了解の結果であるとする和辻哲朗[注3]の考え方を敷延しています。環境条件とこれに対する了解の結果、地域ランドスケープや民家建築にみられる景観や様式の多様性を発生させてきた事実を思い起こせば、人間がそうした長い時間と試行錯誤を

繰り返してきた了解の過程は、それ自体が当時の環境デザインであったといえます。V.I.Pでは、コンピュータ・グラフィックスによる仮想環境を生成し、了解のプロセスを短時間に圧縮して、ノイズが少なくプリミティブな状況から、人間-環境系の関係性への基本的な理解と応用を目指しています。具体的には、STAGE1.で述べます。

2) イマジネーション、そしてコンセプトといった概念次元から、スケマティックデザイン等の具体的な表現といった、イメージをビジュアルに具体化してゆくまでの提案プロセスの一貫した論理のつながりを理解させ、そのための表現技術を向上させてゆくことです。

そのための提案プロセスでは、都市や建築分野のプロジェクトが調査を踏まえ構想→総合計画→地区計画といったスケールダウンをしてゆく過程に応じ、提案内容をリサーチ、概念的なコンセプトクリエイションから具体的スケマティックデザインへとシームレスに変化してくる教育プロセスに応じた提案ができることを目指しています。V.I.Pでは、計画の対象地自体を履修者自らが設定し、ついで対象地がもっているあらゆる環境情報、マスタープランの策定、この下位に位置づけている地区計画と地区のスケマティック・デザインといった各段階ごとに課題を出題しています。これらすべての課題をひとつに編集させることによって、一貫性ある考え方や論理あるいは展開してゆくストーリーの構築を習得させようというものです。またここでは環境デザイン分野での実習を想定しているので、建築デザインの具体的設計は行わず、概略設計＝スケマティックデザインにとどめています。

このV.I.Pの受講者は、デザインあるいは芸術工学系大学の環境デザイン、建築デザイン分野の専門課程に在籍する3年生、大学院生、あるいはビジネス上環境デザインの方法を勉強する必要に迫られている社会人などを想定しています。カリキュラム上の位置づけは、それまでの建築知識をひと通り習得し終え、今後都市や地域の分野に学習範囲を広げようとする時期でしょう。

こうした時期を捉え、建築とは異なる地域や都市のフォーリスティックな考え方や概略的デザイン方法の習得等が、これまでの実習課題とは異なっています。

受講者の能力面ではすでに建築デザイン方法およびコンピュータ・グラフィックスの基礎的なオペレーションを習得してきていることを前提にしています。人間系-環境の関係性の視点からの知識的理解はもとより、地域や都市の環境特性や情報を読み解き解析してゆく能力、こうした環境情報が集約できる能力、コンセプトとして提案を顕在化させてゆく能力、これらを空間システムに変換してゆく能力、さらに下位計画へブレークダウンを行い建築空間の詳細を詰めてゆく能力、そして一貫した将来イメージとして提案をビジュアルに表現できる能力、さらにはこれらのプロポーザルの編集能力、プロポーザルを第三者に適切かつ魅力的にプレゼンテーションできる能力の習得や向上を期待しています。また提案は、学生にとっては就職や進学のためのフォートフォリオのひとつとなる役割を併せもつでしょうし、社会人にあってはビジネスのための基本的スキル向上となることを期待しています。

この教育プログラムのために私が制作した一連のテキストおよびデータは、全体の出題テーマ、各STAGRごとの出題、出題の考え方、到達すべき水準を示した参考作品、制作上の必要情報として、環境(地形図見本、気候図、生態図など)、生活系(民家形態、地区計画の実施事例)、コンピュータ・グラフィックスを用いた表現事例等を内容としています。テキストの構成は以下のとおりです。

1. "VIRTUAL ISLAND RESORT Version2." 出題と課題解説 ,A4,p16
2. 参考作品1. "VIRTUAL ISLAND RESORT" SUD CAPRI,A3,p14
3. 参考作品2.VIRTUAL ISLAND TRIP,A5,p90
4. 提案書の指定様式ファイル(adobe indesign),A3,p10
5. 附冊::2004年度までの3Dオブジェクト制作の解説 ,A4,p23(総ページ数)

このように、制作内容を明らかにし、到達目標を参考作品として提示することによって、とかく抽象論や方向違いの制作展開［注4］を予防し、出題意図にかなった制作指針を明らかにしてます。参考作品は、受講生と同じ立場で筆者が制作したものであり、受講生の制作過程のシミュレーション体験であると同時に各STAGEの制作目標や到達水準を明確化するためでもあります。次項でこの参考作品をもとに教育プログラムの内容を述べてゆきます。

## 6.2.2　プログラムの制作内容について

　この節では、V.I.Pの制作内容を先にあげたテキスト1."VIRTUAL ISLAND RESORT Version2."に基づき出題と制作内容について述べます。教育プログラム全体の出題文は以下です。

『地球上の任意の地域に、VIRTUAL ISLANDという美しい島をつくりなさい。ここに魅力あるリゾートを、地域条件、地域産業振興等の視点を加えて計画し提案しなさい。次のSTAGE1～5までの内容をすべて含むプロポーザル(提案書)にまとめること。』

　これに基づきSTAGEごとに出題をしています。各STAGEの構成は、最終作品全体が一貫したストーリーがもてるように、あらかじめ出題の順序と具体的な制作内容を決めています。したがって各STAGEの順に制作を進めてゆけば、提案の全体像から個別的な提案に至る過程、あるいは地域の環境条件からデザインに至る過程などが、論理的な筋道をもって必然的に構成できるようにしています。次に各STAGEごとに出題内容と意図を紹介します。

### STAGE1. フィールド・サーベイ

　このSTAGEの出題文は次のとおりです。
『地域デザインでは、提案対象地の地域条件の検討や考察が不可欠です。地域条件には、地形、気候、植生、景観といった自然条件や、歴史、文化、言語、民族、産業、交通、集落、建築様式といった自然および人文社会的条件などがあります。本課題では、これらの地域条件に即して制作を進めます。
1) コンピュータ上に仮想のVirtual Islandを設定しなさい。
2) 最初にVirtual Islandが位置する地球上の緯度と経度を設定しなさい。
3) 設定した緯度、経度上の周辺地域環境のフィールド・サーベイを行い、地域の特性を把握しなさい。
4) 地域特性を反映させたバーチャル・アイランドの現状地形図(縮尺1/10万～1/5万)を制作しなさい。』

　次にこのSTAGEの学ぶべきポイントについて述べます。
(1)　バーチャル・アイランドを仮想空間に設定する

　最初に受講者に期待するのは、例えばある時期になにがしかの理由で人間が無人島にたどり着いたプリミティブな状況を想定した際に、そこで生活をしてゆくうえで人間は何を考えたか、という点について考察するとともに、それを仮想環境においてシミュレーションさせてゆくことにあります。

　そこで最初にランドスケープ・ソフトウェア［注5］を用いて、任意のバーチャル・アイランドを制作することから始まります。このソフトウェアの特色は、フラクタル変数を用いて地形(オブジェクト)を生成するので、同じ地形を二度とつくることはできません。

　次いで生成されたバーチャル・アイランドを、地球上の任意の場所に設定することです。そして重要な点は、緯度・経度を受講生自らが定めることにあります。こうして設定された緯度・経度により、バーチャル・アイランドには、設定された地域の環境条件やさまざまな特性が適用されることになります。それは地形、火山帯、海流、気候、生態、資源、民族、言語、習慣、歴史、文化、建築様式、周辺諸国との関係等です。地球上には存在しないバーチャル・アイランドではありますが、こうしたプロセスにより地域の環境

情報について学ばざるを得ない状況をつくりだします。そうした環境情報を踏まえながら、最初に無人島にやってきた人間が考え認識したことを、コンピュータ上の仮想環境を用いて再現しようとしているわけです。

(2) バーチャル・アイランドの地形図をつくる

バーチャル・アイランドは、仮想環境であるから制作のベースとなる地形図が存在しません。そこでこの地形図を作成することが第2のポイントです。実際の地形図制作では三角測量や航空測量が行われますが、バーチャル・アイランドの仮想環境の測量は、これらよりははるかに簡単です。

まず生成された地形(オブジェ)の最高地点の標高と方位を定めると必然的にバーチャル・アイランドの大きさや面積が決まります。制作した地形オブジェクトを3DCG上で一定の標高線ごとにスライスさせてゆくと、その切断面は等高線になります。それを複数組み合わせれば等高線の地形図が作成できます。またこうした仮想環境のなかにカメラを配置し、さまざまな角度からレンダリング(撮影)をしてゆくと、バーチャル・アイランドのランドスケープも明らかになってきます。さらにランドスケープがどんな地形的特徴や景観資源をもっているかも把握できます。こうした緯度・経度・高度といった空間の3次元要素を設定すると、バーチャル・アイランドの環境が必然的に定まってきます。例えば、世界の気候区や植生帯は熱帯雨林気候から高山気候に至る14タイプに類型化されており、地形の高度変化によっては植生帯が異なってきます。そのほかにも珊瑚礁や火山帯といった特殊な地形、ハリケーンや台風等の自然災害の発生の有無、年間気温、雨量、偏西風などの地域自然環境、土壌帯、生態、農水産物の生産、周辺地域の歴史や文化から類推できる遺跡などの資源や建築民家様式、地名を表記するための言語、民族や習慣などを設定し、地形図に反映することができます。このようにして設定された環境情報のなかで、最初の定住者の状況を想像し住居の位置を決めようとすれば、必然的に自然災害や気候や地形や生業といった環境との関係性を考慮した配置とせざるを得ないでしょう。こうしたシミュレーションを通じ人間-環境系の関係性への理解や認識を踏まえた提案を意図しています。

シミュレーションにより、次第に設定した地域の気候や文化などの環境情報が、仮想環境であるバーチャル・アイランドに書き加えられてゆきます。そして提案のための環境情報を反映させた現状地形図ができあがります。この地形図に集約された環境情報をベースとし、次ステージ以降の提案へ展開されてゆきます。ここまでくると島自体は仮想環境ですが、緯度・経度・標高を設定することにより、こうした地域の環境情報が加わりリアルな提案と同様に扱うことができるようになります。

こうした考え方を踏まえ参考作品として制作したのが次頁図3と図4です。図3では、バーチャル・アイランドの位置を北緯41度、東経14度に設定しています。この地域は、地中海ティレニア湾に位置し、隣接都市はナポリ、近くには世界でも著名なリゾート地カプリ島があり、その南に位置することから、南カプリ島(SUD CAPRI)と呼ぶことにしました。この地域はギリシャローマ時代から開かれたところであり、通年では気候温暖、イタリアの火山帯に位置し、産業は漁業と農業などの立地条件を文章で明らかにし、さらにこうした地域条件に沿ったランドスケープをCGで表現しました。この地域が長い歴史や火山帯であることから、多くの史跡や特異な地形が想定できます。そこで城塞(ubicazione)、洞窟(grotta)、岩礁(scoglio)などの特異地形を設定しました。標高最高点は、ラクダのこぶという意味のゴッバ山(monte gobba)です。制作された現状地形図には次の要素を記述しました。縮尺、バースケール、方位、100m間隔の等高線と標高、海岸、渓谷、湖や河川等地形の表現、現状土地利用、集落、道路、港湾、史跡、地名など。地名は立地する地域の言語を用いました。こうして制作された現状地形図を解読し、「人間は生きてゆくためにどういうところに家を構えるのだろう」と

図3. 参考作品 STAGE1. バーチャル・アイランドの作成と地誌の記述

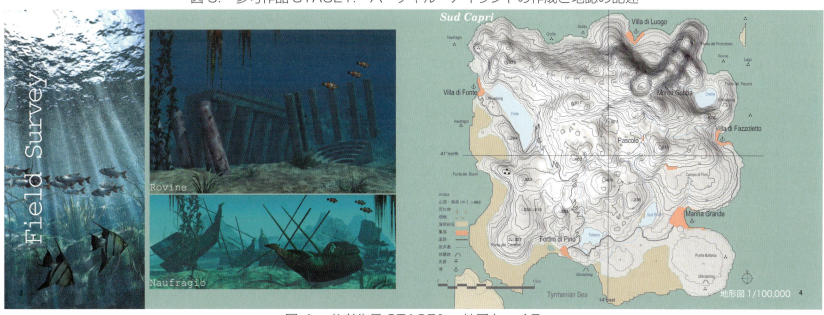

図4. 参考作品 STAGE1. 地図をつくる

いう考察することが大切です。そして集落の位置が決まってきます。

STAGE2. コンセプトクリエイション

このSTAGEの出題文を以下にあげました。

『各自が設定した地域条件や現状地形図に基づき、地域資源活用や産業振興を加味し、世界各地から多くの人々が集まりうる魅力や動機をもったリゾートのコンセプトをクリエイションしなさい。ここでの提案内容は次のとおり。

1)WHY！ どんな理由で（設定条件を解読しながらコンセプトテーマが成立してくる課題）。

2)WHAT！ 何を（課題を踏まえ提案の骨格となる基本的考え方やテーマ、導入機能、テーマを支えるサブコンセプト、CIイメージ、重点プロジェクトの下位テーマと主な導入施設内容）。これら一連の考え方を体系的論理あるチャートで表現しなさい。』

このSTAGEでは、前STAGEの現状地形図や地域の環境情報に基づいて、提案のための環境条件や特性を抽出し、地域振興の視点を踏まえ世界各地からたびたび訪れたくなる魅力あるリゾートのコンセプト提案を出題しています。コンセプトは、環境情報を集約したうえで課題や計画の方向性といった環境条件や特性に基づき、これに応じた内容の全体を表すとともにこれを包括的に表現できるテーマや概念を言葉で設定したものです。こうした特性や条件、そしてテーマや提案内容の骨格を言葉によって体系化し、構造的に表現したのがコンセプトチャートになります。

このSTAGEでは、環境条件や特性を地域課題に集約するとともに、課題解決に向けた主要な概念的な提案の骨格を立案させ、これに応じた個別的な提案内容や、包括概念としてのテーマやビジュアルなシンボルマークなどの提案を課しています。コンセプトチャートは、どんな理由で、何を提案するのかといった提案体系を明快に相手に示すことができる方法です。コンセプトチャートの制作方法については、配布テキストのなかで解説しています。

そうした点を踏まえ制作したのが次頁図5です。

ここでは、環境条件などの検証から3課題をあげました。第1は通年を通じ快適な気候と風光明媚な景観、紀元前に始まり大航海時代を経て近代に至る地中海の長い歴史といった歴史的資源を生かした個性的なリゾートづくりという課題。第2はリゾートに定住し滞在する人々は何によって生計を立て、そして地域を振興させる経済の骨格は何かとする産業論の視点からみた課題。具体的にいえばナポリという都市隣接立地を生かし、都市型産業のひとつである先端メディア産業の誘致を課題としています。それはアーティスティックな映像や映画、テレビ、インターネット、出版などの媒体コンテンツをクリエイションし発信できるメディア産業のコンプレックスを意図しています。第3は大人の社交場としてのしつらえや環境デザインあるいは環境演出に関する課題です。それはヨーロッパという文化や文明、人々の意識において成熟した志向性を取り入れたデザインを目指そうとする課題でもあります。例えば、子供は幼小期から寄宿舎に預けて自らは大人の自立的ライフスタイルを確立するといったヨーロッパの志向性は、子供中心のわが国や、娯楽ファミリー志向のアメリカ・ディズニーリゾートとは対照的な設定であり、ほかとの差異化を明確にしてゆくことが課題のポイントになります。

ここでのコンセプトの内容について説明しておきます。これら課題に対するテーマコンセプトに、「グリフィン」というシンボル概念を当てました。グリフィンとは、地中海文化のなかで創造され、地（ライオン）と空（翼）を支配する剛毅、警戒、獰猛な架空の動物です。現代の太陽神とも思われるクリエイティブな情報をのせて世界をくまなく駆け回り、そして獰猛さというファミリーの対極概念を設定することで、大人社会の志向性や差異化を意

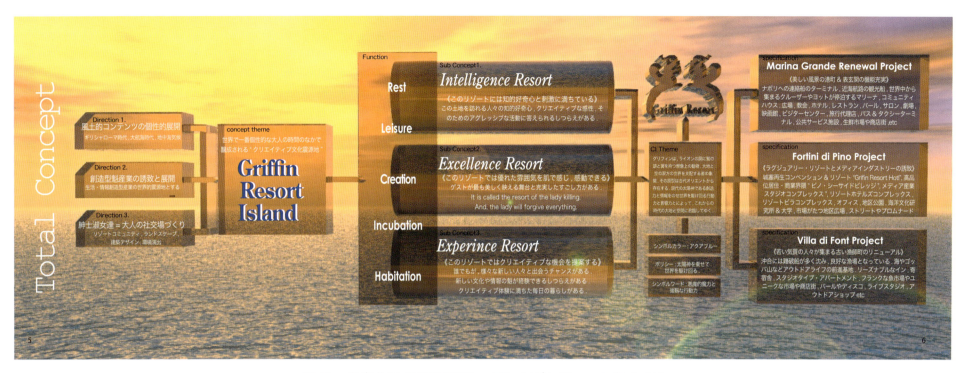

図5. 参考作品 SATAGE2. コンセプトチャートをつくる

図しています。つまり大人のリゾートづくりです。

こうした大人のリゾート形成というコンセプトは、3つの特徴的な柱＝サブコンセプトを伴います。第1はクリエイティブで大人の感性や好奇心を充足できるインテリジェンス、第2はこの美しい風景のなかで人々の姿が美しく映えるエクセレントな舞台としてのしつらえがあること。第3は新しい、人々、ビジネスチャンス、文化、価値、情報等に巡り会えるといったように、多様で豊かなエクセレンス（経験や体験）が可能なコミュニティやシステムがあること。これらの概念を「グリフィン」というシンボルとして設定し提案のシンボルマークとして表現しています。

こうしたコンセプト体系から、3つの重点整備プロジェクト地区を提案しました。第1は Virtual Island の表玄関の整備。既存集落を保全し、この資源を維持活用しながらリゾートにふさわしい新しい表玄関機能の整備を進めるプロジェクト地区。第2は平たんな地形と魅力ある景観が続く海岸線を生かし、メディア先端産業を誘致しながら定住と長期滞在可能なラグジュアリーなリゾート地区を新たに整備するプロジェクト地区。第3は昔からの漁師町を生かし、荒々しいが活気や熱気に満ちフランクでサブカルチャー的な独特の雰囲気と文化とをもった整備地区です。

STAGE3. マスタープランをつくる

この STAGE の出題文は以下のとおりです。

『トータルコンセプトで提案した内容を、Virtual Island の WHERE? どこに、どれ位の規模で、どのように配置するかといった空間に関する提案を内容とするマスタープランをつくりなさい。マスタープランには次の要素を入れること。
1) 提案プロジェクトを配置し、これにともなって必要となってくる環境に対するルール、新たな土地利用、道路や都市基盤などを配置した整備計画図 ( 縮尺 1/10 万〜 1/1 万 )。
2) 整備計画を断面方向で示した横断面図や縦断面図。
3) 新たにどこにどれ位の人口を、どれ位の空間密度によって定住させるかを定量化した密度計画。
4) 各地区や集落がどんな関係や構造になるかを示したゾーニング概念図や道路等による動線概念図。』

マスタープランは、提案内容を空間の立場から総合的に表現し、環境の全体像が表現されます。前 STAGE のコンセプトで示された個別的提案の数々が、バーチャル・アイランドの仮想環境のなかに整合性をもって反映されてくることが重要です。個別的提案が空間的にどの場所にどれくらいの規模やボリュームで提案されるのかといった計画的考え方、人間 - 環境系とが適合できる環境規制を含む土地利用計画を反映させたマスタープランの制作を課しています。さらに居住環境の質を左右する指標となる計画居住人口の密度計画も課しています。

ここでの制作内容は、受講者の能力、あるいは制作時間に応じて、地域計画や都市計画の下位計画である交通計画、緑地計画、コミュニティ計画等の制作を付加することも可能でしょう。この STAGE 以降の提案は、従来の地域計画や都市計画或いはアーバンデザインにおける方法と同様です。こうした点に基づき、参考作品の次頁図 6 では、整備計画 ( 配置・断面 )、ゾーニング概念図、動線概念図、および土地利用図を制作し、整備計画を作成します。バーチャル・アイランドの地形から判断すれば、北半面は景観的に優れた資源があるため環境保全地区とし、アウトドア活動や既存集落を除きすべての開発行為を禁止。島の中間部はすでに農業利用されているが、保全地区と連続した景観や環境を維持するために、アウトドア活動や農業用途および道路以外の土地利用を規制し、新たに開発を行う場合には事前の環境調整を義務づけることで開発行為を制限する環境調整地区としました。環境修景地区は、開発可能な唯一の地区としています。ただし開発に際し施設配置や建物のデザイン、海岸線のエコトーンの形成などの修景を義務づけ、この誘導指針をデザインガイドラインとして設定することも実際の計画では可能でしょう。以上を土地利用の基本的考え方としています。

また既存の集落は海岸部に位置し南半面を周遊する道路によって結ばれています。こうした既存集落構造を生かしながら、コンセプトで示した重点整備地区の 3 プロジェクトを既存集落と隣接させ、あるいは外縁部に配置します。既存道路は新たに整備する必要があるもの (grade1) と拡幅を要するもの (grade2) としました。このほかにアウトドア活動のための林道やヒュッテなどのサポート施設をほぼ均等に配置し、島全体に余暇活動が展開できる配置としました。

ここでの密度計画は、概括指標として人口密度 ( 人 /ha) を用います。以下に主要都市の計画人口密度をあげておきます。開発名 ( 所在地 )、計画年次、人口密度 ( 算式 = 計画人口 / 計画面積 ) の順。

テームズミード ( ロンドン )、1,966,114 人 /ha、// レストン ( ワシントン ),1,962,26 人 /ha、// ノルドヴェストシュタット ( フランクフルト ),1,959,150 人 /ha、// トゥールーズ・ル・ミレイユ ( トゥールーズ市 ),1,961,125 人 /ha、// タピオラ ( ヘルシンキ ),1,952,65 人 /ha、// 千里 NT( 大阪府 ),1,961,130 人 /ha、// 高蔵寺 NT( 愛知県 ),1,961,100 人 /ha

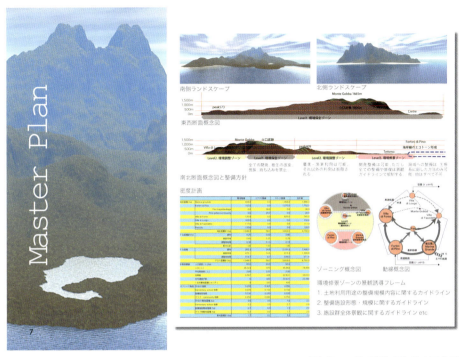
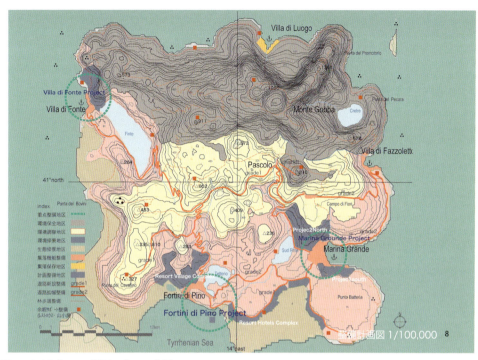

図 6. 参考作品 SATAGE3. マスタープランをつくる

　これら人口密度の違いが、環境の度合い、土地利用比率、都市活動量、公共施設量、空間的ゆとり、低層、高層といった建築デザイン、結果としてリゾートの風景や雰囲気に影響を与えてゆきます。既存集落人口と新規定住人口とを合わせバーチャル・アイランド全体の人口を算出し、世帯数を類推することも可能になります。さらにこうした考え方を進めてゆけば、産業創出規模や雇用人口等の都市基盤の諸指標を試算することも可能でしょう。

## STAGE4. 地区計画と環境構成要素をつくる

　このSTAGEの出題文は下記です。

　『マスタープランのなかで配置した重点整備地区のなかから、このコンセプトを最もよく現しうる可能性がある地区を選定し、この地区計画図を提案しなさい。提案内容は次のとおり。

1) 1/10,000〜1/5,000程度の地区計画図、(コンセプトに基づき核となる空間利用および導入施設内容、街区、地区公園、土地利用、主要道路等を提案)。

2) 地区計画の考え方を補足する図など、ここでは広場を設立させるために交通計画をあげました。その他に街区に建築形態を投影した配置図や街区立面図、あるいはデザインガイドラインの考え方など各自の提案のなかで必要に応じて作成する。

3) コンセプトを表現するのに特に必要であれば、核となる施設の概略的

な配置図や立面図およびイメージ、あるいは建築群景観の立面図といったデザイン要素を加えてもよいが、必須というわけではない。』

　実際のプロジェクトでは、マスタープランからスケールダウンした下位の地区計画や、提案の核となる建築デザインなどの制作を、選択肢として課しています。選択肢としたのは、受講生が建築から都市へと関心を拡大してゆく場合と、これまで習得してきた建築デザインをさらに深化させたいといった具合に、受講者の関心や展開方向に合わせたためです。どちらの展開を採用しても、コンセプトやマスタープランと異なることはなく、全体として整合性がとれることを課しています。参考作品では、両方の提案を併置しておきました。

　受講者にとって下位計画は、これまで勉強してきた知識に比較的近い関係性をもっているので、前STAGEであげた言葉や概念といった抽象的内容をもったコンセプトや、広範囲な環境を包括するマスタープランからスケールダウンすることによって、身近な次元での具体的提案として捉えやすくなり、制作も比較的容易です。すでに習得してきた知識や技術に近い制作を課すことで、V.I.P全体の提案スタンス、各STAGEの位置づけ、環境相互の関係性を受講者に理解させることがこのSTAGEの目的です。

　そこで参考作品を次頁図7で示しました。この制作意図は次の通りです。

　地区計画は、上位のコンセプトや総合計画を踏まえ、市街地または市街地となることが予定されている地区を対象とし、地区の物理的環境を整えるための計画です。物理的環境とは、個々の建築を始めとする都市施設などであり、これらを上位計画などに反映させてゆくとともに、人間の視覚で捉えられる範囲の空間を総合化あるいは可視化してデザインしてゆく方法です。こうした形態的な計画やデザインを、ここではアーバンデザインと呼んでいます。

　地区計画要件には、位置、規模、物的環境、社会的諸条件（人口、雇用、コミュニティなど）、上位計画の与件、法的条件、投資や経営上の条件、近年では住民参加プロセスなどがあります。これらの要件を踏まえ、計画諸元の設定、都市機能の構造や連関、街区形態、道路、公園といった主たる空間利用用途や主要施設配置などの計画と、形態的な要素に対する規制や誘導の方法（デザインガイドラインやCI）、完成イメージや人々の利用アクティビティなどを表現したスケマティックデザインとによって提案されます。

　参考作品は、新たな整備が予想されるFortini di Pinoという重点整備地区を取り上げ、地区計画図は1/10,000で表現（実際は1/1,000～1/500）で表現しています。既成市街地東部に、標高0～25mの緩斜面を利用し、2.35haの扇形の新市街地を設定しました。自動車などの島内交通は、扇の円周上外縁までとし、これによって中心部の交通量を制限しつつ、海岸部のビーチと一体的な歩行者や滞在者のためのパブリック空間が成立できます。このパブリック空間を核とし、隣接する北側にコンセプトで示したシネマを始めとする先端メディア産業誘致地区、海岸沿いにリゾートホテルコンプレックス地区、市街地北側に新たな定住を意図したヴィレッジコンプレックス地区の各エリアを配置しました。また既存市街地との緩衝体として丘陵地を教育研究機関を有する大規模地区公園とし、既存市街地と新市街地との緩やかな連結の場を意図しました。さらにピノ湾上には城塞跡があり、これを再生し、城郭型形態を取り入れた高品位なリゾート施設を地区シンボルとするとともに、半円状の道路形態をピノ湾に延長させ防波堤を兼ねる大桟橋を設けました。大桟橋に囲まれた湾内は、外用大型クルーザーや大小のヨットが停泊できるハーバーになるでしょう。こうした配置によって、シンボル施設、ハーバー、ビーチ、そしてビーチと密につながる都市広場や建築界隈とによる一体的なリゾートの界隈空間を形成し、この地区を代表する都市活動の中心が形成できるとしたものです。

STAGE5　スケマティックデザインで提案イメージを表現する

　このSTAGEの出題文は下記に示しました。

　『地区計画の考え方に従い対象地区の魅力をスケマティックデザインで表現しなさい。表現は、最初に設定した地理的位置に該当する気候などの環境条件、デザインガイドラインを暗示させる建築形態、おおよその建築高さや容積、およびバーチャル・アイランドの地形に沿ったものとすること。さらにこのリゾートに定住し滞在する人々のアクティビティ、主な土地利用、相対的なスケール感、この地区の雰囲気なども表現すること。ドローイングは手書きとします。』

　このSTAGEでは、これまで提案されてきたコンセプトやマスタープランに即して、受講者の制作意図を最もビジュアルに表現できる部分です。完成後の姿を利用イメージとして表現させてゆくことで、地域や街の姿をビジュアルに表現できます。実際の場面では、本書で前述したように、多くのプロジェクト関係者への理解を生み、プロジェクトを始動させるなど、スケマティックデザインの役割は大変大きいといえます。このV.I.P全体の結論と呼べる部分でもあります。

　スケマティックデザインの表現方法は多様ですが、ここではバーチャル・アイランドの3DCG画像を下敷きにした手書きによるドローイングを課しています。参考作品で示したコンピュータ・グラフィックスによって制作す

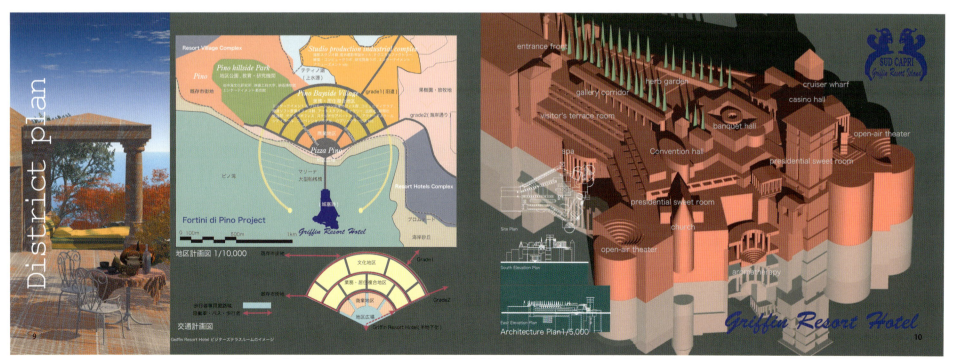

図7. 参考作品STAGE4. 地区計画と建築のスケマティックデザインをつくる

ることは部分的には可能ですが、こうしたスケッチで表現した多量のビジュアル情報をもつ環境デザインの全体イメージをそのまま、コンピュータ上で表現しようとすれば、相当数の制作時間を必要とし、所定の時間内で制作を終わらせることはできません。さらに現在の学生達が使用するコンピュータの能力では動作しない可能性もあり、効果もドローイングほどには上がらない場合もあります。V.I.Pは、コンピュータに依存して制作を進めていますが、制作内容によってはドローイングによる表現方法の習得も必要となる場合もあります。目的や与えられた課題制作時間に応じて、表現方法が使い分けられる判断力の養成も必要となります。

このようにしてドローイングで描いた街全体の将来イメージが98-99頁図8です。この図の部分を拡大したものを図9、図10にあげておきました。街の大きなスケールでの表現はもとより、屋外の個々の小さな利用シーンも提案力を高めるために描きます。コンセプトクリエイションは、全体を統括するストーリーですが、ここで初めて個別的なアイデアや場の空気といった言葉では表現できない要素も描きます。

こうした将来イメージを描くのには、透視図の理解と技術が必要であることはいうまでもありません。ここでの描き方は、バーチャル・アイランドの景観を踏まえた表現とすることによって、プロポーザルの一貫性を確保していることも重要です。そのために図11で示したように、街をつくろうとする3DCGの風景をレンダリングし、街の土台となる地盤と街区ごとの建築ボリュームを3DCGで制作してバーチャル・アイランドのなかに設定してあります。広場の奥に見える立方体は1辺10mの寸法を表しており、建築などの街の姿を描く際の基本モジュールとしています。

スケマティックデザインは、前述のコンセプトや地区計画などの言葉や図による提案を、人間がある位置から眺めた風景でビジュアルに表現したものです。従来の建築透視図が実施設計図面の忠実な表現であるのに対し、スケマティックデザインは、コンセプトの言葉や概念に忠実である点が大きな違いですから、さらに言葉や図だけでは表現しきれない空間構成やさまざまな要素の関連性、建築形態や色彩、屋外環境のしつらえ、そして最も重要な点は、提案が実現した場合に人々がどんな生活や利用が繰り広げられるか等のアクティビティ要素を、第三者に伝わるように表現することが大切です。

ここでの提案の意図は次のとおりです。

提案では、傾斜地である地形を生かし、背後のコッパ山をアイストップとし、高さ約20mの建築物が次第にセットバックしながら高くなってゆく街の配置構造を提案しています。つまり各街区の容積率は内陸部に向かいしだいに高くなる。こうすることで、各建物から海への視界を確保すると同時に、海から街全体が見渡せる提案としました。各建築は、中庭型形態を基本とし建築様式や屋根形状や材質などをデザインガイドラインで統一することを想定しています。こうした大小多様な建築規模とすることで、統一性のなかに多様性があるタウンスケープを提案しています。この地区広場には、毎週仮設マーケット、屋台、パフォーマンスが展開し、大きな仮設テントはサーカス、エンターテイメント、映画祭等が行われる空間です。さらに広場に面した建物の敷地際には、カフェテラスやレストランがせり出し、人々が滞留する界隈を形成しています。こうした広場、ビーチ、ハーバーを一体的空間として構成し、賑わい性があるこの街の名所となることを期待しています。ドローイングでは見えませんが、手前に城壁を再生したリゾートホテルがあり、ブリッジで広場と結ばれています。また広場の地下は駐車場にもなっています。

これまでみてきたようテキストには、受講者が制作内容の適切かつ速やかな理解を支援することを目的とし、併せて制作の際に目指すべき目標や到達水準を示した参考作品を加えています。それが「VIRTUAL ISLAND RESORT SUD CAPRI」です。参考作品は、各実習の制作順に従って構成

しています。特にこうした仮想環境という実体や対象が存在しない世界からのアプローチであること、また制作の重要なツールとなるソフトウェアで、何がどこまで、どのようにできるのか、といったオペレーションへの理解を促すためにも、こうした参考作品の提示は不可欠だといえます。

## 6.3　本教育プログラムの受講生作品から

　このプログラムを受講した学生の作品をみてみます。まず前述した対象地を仮想環境に設定し、環境情報に基づいた提案のためのストーリーを組み立てるという体験があります。次いでコンセプトを言葉や概念の次元で構造的あるいは体系的なチャートとしてまとめること。さらに実習対象がそれまでの建築から都市へと分野を広げる時期であることから、マスタープラン、密度計画、下位計画といった専門的な考え方や計画を講義では聞かされていても、学生自身が実際に制作することは初めての体験となります。実習授業では、参考作品にあげた個々の制作に使用したデータファイルを一度分解して、どうつくられてきたかといった制作過程を、コンピュータ上で作図あるいは再現しながら指導してゆくこともできます。こうして環境デザインの社会的現場で、必要とされる思考方法も同時に体験してゆくことになります。こうした方法を従来のドローイング制作で行うことには難があり、何度でも制作過程の再現が容易にできるコンピュータ特有の方法です。他方このソフトウェアで生成された地形は、同じ形状が2つとできないので、他者の作品を複製するといった安易な制作はできません。

　次にV.I.Pの受講生による制作作品を図12にあげます。制作期間は8週間。制作時間数の制約から、すべてのビジュアル要素をコンピュータ・グラフィックスに依存するのは不可能なので、アクティビティ等の表現部分に関しては、既存の写真を用いることを許容しており、言葉、CGを含む図やスケッチおよび写真といった多様な表現要素を用いたプロポーザルとしてまとめています。

　受講生作品は、バーチャル・アイランドを北緯10度、東経75度のインド南端の地域に想定した民族文化リゾートの提案です。コンピュータが生成した特有の入り江は、実際にはあり得ない地形ですが、バーチャル特有のおもしろさがあり、それが景観的魅力のひとつとしています。また最高地点の標高1,800mとし、これから島の面積69.8km²を算出しています。熱帯雨林気候に属する島の生態環境特性や民族文化といった環境文化資源を生かし、コンセプトであるCurious＝人間の好奇心という概念を、芸術文化、アウトドアスポーツ、プレジャー機能へと展開させたリゾート提案としてまとめられており、提案の核となるヴィレッジのスケマティックデザインが添えられています。

　このように、バーチャルアイランド・プログラムによって3DCGの環境で、世界の各地域の自然、地理、文化、言語、民族、建築様式を学びます。それは、地形図を読むという訓練にもなるでしょう。そしてコンセプトを通じて提案を体系的にまとめる能力を養い、マスタープランや地区計画では空間的な考え方の習得につながります。最後に理想としている将来像をスケマティックデザインで表現することによって、この提案の全体像が明解になります。こうした複数のSTAGEから成立する教育プログラムによって、個別的制作における知識の獲得とそれを提案に生かしてゆく方法や技術の習得など各STAGEで同じ力の配分で制作を行い、全体としてみれば筋道の通った一貫性あるプロポーザルとしています。

## 6.4　まとめ

　最後にイマジニアリングという方法について考察し本章のまとめとします。

　環境デザイン教育におけるイメージを具現化してゆく教育プログラムを通

図8. 参考作品 STAGE5. バーチャル・アイランド中心市街地の将来イメージ

図9. スケマティックデザインのつくり方　ディテールの表現

図10. スケマティックデザインのつくり方　ディテールの表現

図11. スケマティックデザインのつくり方　街のボリュームの配置

a　ロケーションの設定とバーチャル・アイランドづくり

d　マスタープラン

b　ロケーションの地誌と文化の記述

e　地区計画とランドスケープ

c　コンセプトチャート

f　スケマティックデザイン

図12．受講生の作品　制作：稲垣菜月（名古屋市立大学芸術工学部3年、2009年）

じて制作過程を紹介しました。それは仮想環境というコンピュータ独自の方法を用いながら、言葉、図、コンピュータ・グラフィックスや画像といった多数の伝達媒体を用いて、課題の発見からコンセプトの一貫性を維持しながら、マスタープランから地区計画へのスケールダウンによる考え方の違いを理解させつつ、将来イメージにもっていくというストーリーの理解と把握、これに沿って編集してゆくことで提案のためのプロポーザルが完成します。

　魅力的で美しいことの創造や維持が、ビジネスや社会的価値となる時代にあって、こうしたプロポーザルによって関係者間の合意形成を促す力、仮想環境や情報および多様な媒体を編集してゆくことによって形成される魅力あるストーリーの構築、共通言語やイメージの可視化、個人的イメージの共有化によるコラボレーションといった方法なり概念を含む具現化方法や提案方法を本書では、イマジニアリングと再定義しておきます。

　コンセプトやイメージという個人的な世界を、いかに他者と共有し、また背後にある見えない技術を駆使しつつ、速やかにアイデアやデザイン実現に結びつけられるか、そこにイマジニアリングという方法を構築し、運用してゆくかぎがあろうと思われます。最後にイマジニアリングという言葉を、実際のプロジェクトの場面で使用してきたチーム・ディズニーの考え方を以下に引用 [注6] しておきます。

『ディズニーパークが、これから発展してゆくための基本形態は、まずひらめいたアイデアは、計画の初期段階で完全に育て上げてしまうことだ。ただ新しいアイデアが生まれたときだけ、一時保留になるが消え去ることはない。多くのアートディレクター、建築家がチームに参加し、ストーリーミーティングを頻繁に行うことで、最終的創作物は、次第に具体的になってゆく。いくつかはメモから、いくつかはこれから。USA のメインストリート、トゥモローランド、アドベンチャーランド。最後には、言葉は絵よりもはるかに重要性が低い。ここでいまでも習慣づいているのは、あなたの才能、あなたの大胆さ、賢いアイデアと細部を完全に納得させるペイントによって、イマジニアリングを始めるということだ。彼らはしばしば「目薬」と呼ぶ。実現見込みをもつスポンサーが署名欄にサインをさせるのに十分な、またすべてのデザインプロセスの始まり分を示すものだ。あなたが想像することができるならば、それは必ず実現させることができる。』

2009年、VIRTUAL ISLAND RESORT Version2、という2番目の教育プログラムを制作した。これは古い城郭の城壁だけが残されているという想定である。これを地球上の任意の緯度・経度に設定するという点ではVersion1と同様である。当時この古城の城壁だけを与え、これを用いながら複数の建築群からなるリゾートコミュニティの提案を課題として出題しようという意図があった。特に手書きによるドローイングSTAGEを排除してあるので、透視図やデッサンの基礎がなくてもコンピュータ上ですべての制作が完結することが特徴である。さらにフィギュアソフトによる人物や植栽を多数用いて3DCG上のリアリティを追求したり動画にすることもできるだろう。参考作品を制作してみると、なかなかおもしろい環境デザインの提案ができることがわかった。だが城壁という与件は制作者にとって相当な縛りでもあることもわかった。だから大学院生あたりを対象として出題しようと考えていた。しかしこの教育プログラムは出題されることなく現在に至っている。

# Ch7. セカンドライフを用いた環境デザイン教育のイマジニアリング

## 7.1 はじめに

前章では、3Dのコンピュータ・グラフィックス(以後3DCGと略す)を用いた、環境デザインの実技教育プログラムについて紹介しました。この教育プログラムで使用している3DCGソフトウェアによって、個人のアイデアやイメージを可視化しながら、デザインをまとめあげてゆく過程は、企業などで行っているデザイン制作の現場と同様です。だが環境デザイン教育の世界では、どうしても実行不可能な過程があります。それは、建設現場での経験です。私の専門分野である環境デザインをみても、建築や都市開発の現場では、一時的見学であれば体験できますが、多くの建設作業者らと一緒になって都市などの建設行為自体を経験することは不可能です。まして都市計画や開発の分野では建設期間も相当に長く、さらに完成された都市に人が住み、多様な都市活動が行われ、その結果として都市が変貌してゆく過程までを経験するのには、数十年の歳月を要します。日頃から私は、そうした長きにわたる建設現場経験の一端を、仮想環境で体験できないものかと考えていました。

2006年にソーシャルネットワーク［注1］のひとつであるセカンドライフ［注2］の利用が、日本で可能になりました。セカンドライフの特徴は、すでに多くの書籍で述べられているので、ここでは詳しく述べませんが、ひと言でいうと、インターネットを利用したリアルタイム・ウォークスルー・レンダリング可能な3DCGによる仮想環境のシミュレーション・ネットワークサービスのひとつです。利用するためには、セカンドライフへの会員登録を行い、アカウントを取得すると、ソフトウェアがダウンロードできます。そうすると図1で示しているアバターと呼ばれる自分自身の化身［注3］をもつことが可能になります。利用者は、アバターを操作してセカンドライフ上に構築されたさまざまなシム［注4］を渡り歩くことができます。同時間

図1. 私達のシムの建設現場作業者達のアバター

にアクセスしているアバターどうしが出会い、チャットによる会話を行い、映像作品の発表や上映、さらにシム全体を建設することもできます。またここでは仮想通貨が発行され、仮想経済が形成されているので、このなかでさまざまな3DCG上の商品やサービスを取引したり、シムの土地や建物を購入できます。私達のファーストライフである現実社会と同様に、セカンドライフの仮想社会においても経済や生活が行われています。2007年初めに有料会員数は世界全体で約600万人、無料会員数を含めると約2,500万人、この当時会員数は、増加しているることが記載されています［注5］。

　私がセカンドライフに興味をもったのは、同時に同じ対象で複数の人間達＝アバター達と共同でシムをつくりあげてゆく仮想の現場建設経験が可能だという点です。さらに建設後のシムには、世界中から多くのアバターが訪れ、利用者評価がリアルに伝わってくる点も興味深いです。幸いなことに2007年春に、セカンドライフ参入を企画していた情報系企業が所有している「sonicmart」というシム［注6］をひとつ提供してもらう好機を得ました。このシムを一時的に使用し、私の研究室のOBや大学院生らによる、シム建設の現場経験をしました。

　本章では、彼等と一緒に建設した際の建設現場打合せ記録［注7］をもとに、仮想環境の建設現場経験、すなわち3DCGオブジェクト制作の作業を振り返りながら、環境デザインの視点からみた仮想空間の有効性について考察をしてゆきます。

## 7.2　シムの建設過程について

　本節では、シム建設過程についてを現実社会と仮想社会とを見比べながら、造成、建築、ランドスケープ、利用者評価について述べます。

### 7.2.1　土地の造成

　シムは仮想環境上で、1辺が256mの正方形、65,536㎡に区画された海です。その中に平たんな島が設けられているだけのシムが図2です。これが私達に与えられた建設現場になります。この島は、自由に造成することができる点では、現実社会の環境デザインの現場と同様です。そこで最初に島の造成を始めました。私達は、常にシムの現場で打合せをしながら、限られた空間のなかで変化ある風景をつくることにしました。まず島の北部にシムで造成可能な最高高さの山岳地帯を造成し、高低差による垂直方向の変化を、次いで島の内部まで入り江を引き込み、水平方向の変化をつくりだすことにしました。こうした作業は特に図面を引いたわけではなく、造成によって変化してくるシムの風景を確認しながら建設を進めていきました。このあたりが他の3DCGソフトウェアとは異なり、私達が肉眼で風景の変化をみながら作業できる、フルタイム・ウォークスルー・レンダリング画面が常時表示されている点がセカンドライフの長所です。こうして以後の建設において多様な風景をつくりだす土台ができました。

### 7.2.2　建築物の建設

　現実社会であれば、造成の次は、シム空間の骨格となる道路と画地の建設になります。だがセカンドライフのアバターは、地上を歩き、また空を飛ぶことができます。そうなると道路建設の必要性は皆無です。したがってこの

図2．造成前のシムと建設現場での打合せ

工程を省略するという、現実社会ではあり得ないことが可能になりました。そこで即建築物の建設に進みます。ここでは、あらかじめ私達の間で決めておいたリアルなリゾートアイランドというコンセプトに沿って作業を進めました。なお本章では、建設段階を中心に述べているのでコンセプトの内容については略します。建設に関わるすべての打合せは、シム上で、チャット機能を使用して行いました。チャットによる会話はすべて記録できます。まず、図3のようにコテージ建築物のデザインオブジェクトをシム上で試作しながら、建築デザインを決めていったのであり、図面を制作する工程が省けます。

そうした特有さは他の面でもみられます。図4で示したのは、コンドミニアムの現場です。制作できるオブジェクトの最大サイズが10m以下であること、シム全体で制作可能なオブジェクト数が15,000プリム［注8］に制限されていることです。したがって大規模建築物では、まず10m以下のモジュールでかつ少ないオブジェクト数で制作できるユニットを考えなければなりません。図4の最も小さい中空キューブが、1辺10mの正方形であり、1オブジェクトで制作できます。これで建築の床、壁の2面、天井となり、このユニットを多数組み合わせたり、間仕切り壁を設けたりしてコンドミニアムを建設しました。

こうした建設の際に気がついたのは仮想空間と現実空間のスケールの相違です。そこでアバターの身長や他のシムの建築スケールを調べてみたのが図5です。次頁図5左の中央の柱が高さ2m(オブジェクト数値)ですから、アバター身長は、約2.3m前後と計測できました。アメリカ人男性平均身長1.73mから、アバター身長は、それよりも1.3倍大きいことがわかりました。

図5右は、海外シムの民家で測定したものです。アバター身長から類推し、民家の天井高約5mはあり、明らかなオーバースケールです。これはセカンドライフ・シムの全体傾向とみられます。こうした傾向は、パソコンモニターサイズ、室内空間が一望できる、バーチャルゲーム世界の影響等いくつかの要因が伺えるでしょう。オーバースケールで制作すると、3DCGが本来もっているリアリズムの表現からは逸脱し、むしろ誇張された劇画的表現に近づいてゆきます。この辺の考え方の選択が、シム建設における分岐点なのだろうと思われます。

図3. 建築物の現場制作

図4. コンドミニアムの建設現場

私達は、現実スケールに近づける方法を採用しました。現代建築でよく使われる天井高寸法が2.4m、2.7mであることから、これらを1.3倍した寸法を天井高とするモジュールを設定しました。それが3m、3.5mです。図5左背後のグリーンコテージ梁上までの高さは3mです。竣工後の利用においてディスプレイ展示を予想し、アバターの視線が下方に向くよう、あえて天井高を低めに設定しました。最終的には、5m、7.5m、10mといったモジュールを加え、建築全体の建設に適用しました。

　もうひとつ考慮した点は、アバターの動作です。アバターは、図6ように、スクリプト［注9］を用いてさまざまな動作や、オブジェクトの道具を手にすることもできます。したがって現実空間同様に動作に応じた仮想空間の規模が必要になります。ただし、オブジェクトの物理属性を解除することによって、アバターが壁に潜り込んだり、通り抜けたりできます。こんなところが、いかにも仮想環境の発想なのですが、それでは、リアリティは出せない。

そこで私達は、現実社会の人間や建築スケールに準じた空間規模を設定しました。

### 7.2.3　ランドスケープの建設

　セカンドライフの画面は、フルタイム・ウォークスルー・レンダリングが常時表示され、アバターが歩くことによって、肉眼で見ているのと同様の風景変化を目にすることができます。これはランドスケープデザインを行ってゆくうえで大変有効なツールです。私達は、こうした特徴を生かしながら、ランドスケープの建設を行ってゆきました。

#### (1) 風景の構成

　現実社会において、我々が見ているシーンごとの風景は、地形や主に樹木や植栽などの自然要素と、街や建築や家具といった人工要素で構成されています。これらの要素を芝居にたとえれば、舞台の登場人物と読み替えられます。登場人物には、主役・脇役という役回りがあり、次いで登場人物らの人間関係が設定されます。恋人同士、家族、善人と悪人、支配する側とされる側といった具合にです。例えば 図7の写真を、1つのシムという劇場で行われている舞台の1シーンだとすれば、すべての登場人物が舞台に勢ぞろいしたカーテンコールにたとえられるでしょう。登場人物は、山や入り江と

図5．アバターによる空間スケールの検討

図6．アバターによるゲームプレイの検討

ボードウォーク、入り江に浮かんでいるカラフルなボート群、街路樹や植栽、赤や緑の屋根のコテージ、コテージには暖炉が垣間見え、少し顔をのぞかせているホール、広場に置かれた白いパラソルや黄色いチェア、ちょっと目立つ青サインボードです。それぞれの役者が、役回りの違いを超えてお互いに同じ存在感という関係性を維持しながら、この風景を構成しています。こうした風景をつくる方法がランドスケープデザインです。日本語では「園を造る＝造園」という言葉が近いです。私達が建設したシムでは、現実社会のランドスケープ手法を応用した、アバターの歩行によって、役者である環境構成要素が主役となりと脇役となって変化してくる多様な風景の実現を意図しました。

そんな役回りの違いによる風景変化の一例を示したのが図8です。図8-1は、コンドミニアムの建築を主役とし、背後に広がる海を脇役とした風景の構成です。役者も二人だけとするなど、シンプルな風景が形成できます。他

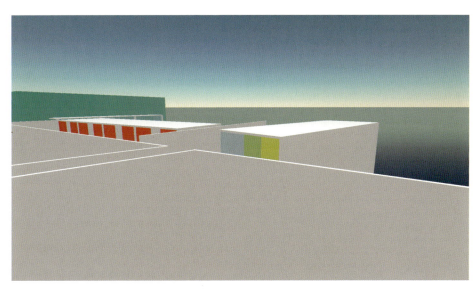

図8-1．建築を主とした風景

図7．ランドスケープにおける主役と脇役

図8-2．街具を主とした風景

方図 8-2 は、ボードウォーク広場に置かれる、植栽やキオスク、パラソルテーブル、椅子といった街具(屋外に設置される家具をいう)が、この場合の風景の主役となり、背後の建築が脇役となっています。このシーンで登場してくる役者の数は多いですが、役回りの違いは明確にしています。こうした規模の小さい要素は、現実社会の建設場面では、後回しにされがちな存在ですが、リゾートらしさを演出するうえでは、建築物と同等の役割をもち、風景構成の重要なポイントになります。

　このようにアバターがシムを飛んだり歩き回ることによって、さまざまな風景変化をこのシムで実現しています。他のシムで見られるいくつかのリゾートを見学すると、こうした街具と植栽と海岸のランドスケープおよびキャンプ[注10]だけでシムを構成し、ゆったりと流れる時間を感じさせたりするなど、リゾートらしさが表現されています。建築を排除すれば、プリム数が低減できるので、場合によっては合理的な建設方法だといえます。実際にアバターのトラフィック数も多く、またナンパ名所となっているリゾートシムもありました。

　竣工後のシムの運営にとって、アバターのトラフィック数を上げることは重要な課題です。アバターが集まるのには一定法則があり、「アバターは、アバターのいるとこに集まる」。いつもアバターが集まる名所だということを、セカンドライフ上で話題にしてゆくためには、アバターどうしによる口コミュニケーションが欠かせません。シムのなかに行きつけのバーがあれば、いつもそこは常連アバター達で賑わっています。そこでシム情報や制作情報を交換したり、恋人をみつけることもできます。利用者にとってセカンドライフの最大魅力とは、そうしたコミュニケーションにあり、ランドスケープの建設は、そんな場を演出するのが役割です。

(2)　ナイトスケープ

　　セカンドライフの3DCGには、オブジェクト自体を擬似的に発光させる表現はできますが、光と影がない世界なので、他の3DCGソフトウェアのように、光源設定やスポットライトを当て、オブジェクトの立体的演出はできません。光や影の計算はたいへん時間がかかるので、セカンドライフでは光や影を擬似的に扱うことで、スムーズな動作を確保しているのだろうと推測しています。したがって立体感と昼夜といった時間による風景変化は、色調変化を利用して行っています。現実社会1日のうちでは、3回夜が訪れる。ナイトスケープ(夜の風景)の演出は、重要な建設要素となります。

　それは私達からみれば、はなはだしい仕様の不足を感じました。リゾートアイランドのナイトスケープで私達は、いくつかの蛍光カラーを用い、わずかに照明要素を点景として制作配置したに過ぎません。他の3DCGソフトウェアであれば、屏風のようにそそり立つ山稜をライトアップすれば、地形に応じた山腹特有のドラスティックな表情が出せるのですが、ここでは不可能です。比較的効果的なのはあらかじめライブラリーに登録されているトーチですが、揺らめく動きのある炎は、データ量が重くなるので、多用できないという難点がありました。

　そんな制作環境のなかで私達が工夫した点がひとつありました。月明かりの風景を試みたことです。その手法はいたって簡単で、次頁図9で示すように反射率の高い色彩を配置すればよいわけです。要は白色を多用することです。シム全体のナイトスケープが低彩度になるなかで、反射率の高い白がコントラストとなり、対比的な風景になるので、月明かりの反射のようにみえるでしょう。このシムで白を多用したのは、実はそうした理由からです。

7.2.4　コミュニケーションの場の考え方

　セカンドライフの本質は、コミュニケーションにあります。セカンドライフで、アバターを背後で操るのは人間ですが、人間の意志がアバターを介して表出されます。コミュニケーション形態や媒体が異なるだけで、現実社会のコミュニケーションが、地域と時間を超えてこの世界でも展開されていま

す。現実社会が、今後さらなるデジタル志向であっても、コミュニケーションの本質は変わりません。

したがってコミュニケーションは、シム建設上の重要な概念です。地域、時間、言語の壁を越えて、地球規模のインタラクティブ・コミュニケーションが仮想環境で行われている点で、セカンドライフは従来のWEB機能を越えています。

地域コミュニケーションが、現実社会で最初に発生するのは、住まいの周辺に展開される近隣コミュニケーションでしょう。次いでパブリックスペースや、ワーキング・コミュニケーションへと拡大され、やがてコミュニティ＝地域共同体＝ビレッジが形成されてきます。私達が制作したマナティー・リゾートにおいて定住ゾーンを設けている理由もここにあります。現在のセカンドライフ会員の多くは定住地をもたない、いわばホームレス・アバターです。こうした遊牧民的ライフスタイルが次第に定住してくることは、これまでの人間の歴史からみても妥当な考え方ではないでしょうか。

コミュニケーション形成条件は、インタラクティブなヒューマンコンタクトにあります。そうした点では、セカンドライフ上にあるアバター達のたまり場は、大変重要な場所です。このシムにおいても、コミュニケーション・スペースとしてカフェや数多くのキオスクをしつらえています。

ところで、しばしば企業オリエンティッドなシムでは、企業情報発信やPRプロモーションに関心が高く、そのための広告や販売促進が盛んです。このような現象をみると、私は企業の勘違いもはなはだしいと言わざるを得ない。これでは情報の一方的発信であり、双方向コミュニケーションではないからです。それではチャットの特性を生かしたとはいいがたく、それは大人社会のアバター達が最も嫌う方法ではないでしょうか。企業がセカンドライフ・コミュニティに参入するのであれば、企業情報を発信しつつ、他方インタラクティブ・コミュニケーション形成に寄与できる方法を構築してゆくことが、シム制作では必要となるのではないかと私は考えています。

次頁図10は、私が制作のサーベイを目的として、他のシムを尋ね回っていた際に知り合ったアバターの一人 Jelly Repine です。彼女は、ジャパンシムの一角に土地を借り、自力で建物や家具やコスチュームなどのオブジェクトを制作し、スクリプトを書く能力をもち、シム上の恋人と暮らしているセカンドライフの定住者です。私達のシムに対する彼女の礼儀正しい辛口評価から察するには、大人の見識をもっていることが伺えます。私は彼女から、アバター達が何を求め、そのために何が必要かといった、セカンドライフ利用者のウォンツを、人気シムに案内してもらいながら、その理由を説明してくれました。現実社会が緻密に制度化され、管理されるなかで、利用者は仮想環境であるセカンドライフに、パーソナル・アイデンティティの発揮や実現を求めていることだと、私は理解しました。

図9. ナイトスケープの演出

図10. シム建設現場に招いた評価者

### 7.2.5 建設条件について

当初、私達は、日頃から3DCGを扱っていたので、制作自体は難しいものではないと予想していました。だが最初にセカンドライフの3DCGソフトを立ち上げたとき愕然としました。たとえば一昔前の3DCG以下の仕様であったのです。表1にオブジェクト制作に関わる当時の部分仕様をあげました。プリムサイズは最大サイズ10mまで、総プリム数15,000以下、リンクヒエラルキー、ブーリアン減算、インポートやエクスポートはできない。さらに致命的なのは投影図としてのビューがなく、図面化という考えのないことです。まさに建設ソフトたるゆえんです。こうした制約のなかで、手持ちオブジェクトライブラリーなどを使わずに、セカンドライフのなかで建設作業を完結させなければならず、効率の悪さが予想されました。

実際に建設してみると、オブジェクト相互を正確に組み立てるためには、数値制御だけが頼りです。組み立ててもリンクヒエラルキーは、設定時のみ有効で、リンク可能なオブジェクト数にも制限がありました。これは玩具かと思ったこともあります。

救われたのは、制作過程自体がフルタイム・ウォークスルー・レンダリングであることです。さらに光や影を排除してあるために、この部分の演算処理をしなくてすむから待ち時間がないことです。

最も大きな制約である総プリム数の制限は、デザインをある程度拘束します。他のシムでは、凹凸がある建築立面のデザインを、画像テクスチャーをとして扱い、開口部などの凹凸を平面表現にするなど、立体化を省略しプリム数の節約を行っている例がたいへん多いです。こうした事情は、セカンドライフのシステム自体に由来しているのでしょう。利用者は、運営者であるリンデン・ラボ社が管理運営するサーバーを、有償で借りてシムを制作するために、サーバー容量の制限を反映させた仕様となっていると推測しています。

私達の制作方法が他のシムと異なる点は、可能な限りオブジェクトだけで建築物を建設している点です(通例の3DCGでは当然だが)。本来平滑な部

### 表1. オブジェクトの仕様

| 項目 | 仕様(2007.6月時) | 項目 | 仕様(2007.6月時) |
|---|---|---|---|
| シム1辺の距離 | 256m | ライブラリー | 道具・植栽有 |
| シム面積 | 65,536㎡ | 1シム同時アクセス数 | 100人以下 |
| 総オブジェクト(プリム)数 | 15,000以下 | オブジェクト制作者権利 | 設定可能 |
| 1プリムの最長長さ | 10m以下 | 動作プログラムの制作 | 可(言語:リンデンスクリプト) |
| オブジェクトリンク | 可(リンク数に制限) | オブジェクトのインポート | 不可 |
| リンクオブジェクト解除 | 可 | オブジェクトのエクスポート | 不可 |
| オブジェクトサイズ・位置の数値制御 | 可 | ブーリアン減算 | 不可 |
| テクスチャーの取り込み | 可(有料) | 投影図ビュー | 無(中空のみ可) |
| 光・影 | 無(色調で表現) | 動作環境(Win) | OSWindowaXP,2000以上 |
| 通常の画像表示状態 | 動画(ウォークスルー可) |  | 800MHzPentium3以上 |
| レリンダリング | 可 |  | メモリ26MB以上 |
|  |  |  | NVIDIA GeForce2.4mx以上、またはATiRadeon8500,9250以上 |
| レンダリング解像度の設定 | 可 |  |  |
| 画像の取り込み | 可(有料) | 動作環境(Mac) | OS10.3.9以上 |
| 映像リンク | 可(有料) | 接続環境 | ADSL以上の常時接続 |
| 建設者の資格 | 有料会員・シムオーナーのみ | 公式HP | http://jp.secondlife.com/ |

材以外には画像テクスチャーを貼り付けるのではなく、凹凸や開口部を、実物同様にオブジェクトだけで制作しています。

こうした方法によって、3DCGとしてのリアリティが表現できますが、他方プリム数も増えてきます。完成後、シムにトリップしてくるアバター達が制作したり持ち込んで、このシムに配置されるオブジェクト容量を、あらかじめ確保しておく必要が生じます。そこで少ないプリム数で形成できるデザインを必然的に用いざるを得ないです。そうしたデザインによる建築群によって形成されるシム全体のランドスケープも必然的に決まらざるを得ないところに、セカンドライフCGの表現上の特徴があると考えられます。3DCGが本来目指してきたリアリズムを一端留保し(PCの性能が向上するときまで)、それよりは、フルタイム・ウォークスルー・レンダリングとしたフットワークの良さと、インタラクティブ・コミュニケーションとを統合させたところに、セカンドライフの優れた点のひとつがあります。

### 7.2.6 シム建設時の姿

以上の仮想建設経験の結果、実現されたシムの竣工直後の姿を図11にあげました。導入機能は、主に企業による映像を主とする大規模イベント催事ができる展示施設3タイプが集客の核となっています。図12は、映像を施設内のモニターオブジェクトにリンクさせることで、web上にある映像を放映することができます。またストリーミングサーバーを運営者側が用意すれば、映画やアニメーションといった長編映像のフル上映が可能です。多数のアバターが同じ映画を同時に視聴でき、そうした際の感動や話題をお互いに体験共有できる点が、webのネットワークやweb映像ストリーミングと比べて優れています。このシムでは大型スクリーンおよび小型スクリーンなど十数箇所を設けており、異なる映像コンテンツを同時に上映することができます。

そのほか滞在スペースやギヤラリー2箇所、アバターが制作したオブジェ

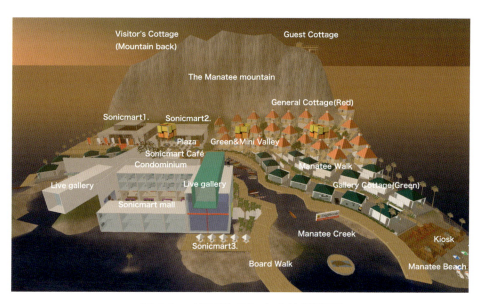

図11. 竣工時のシムの施設配置

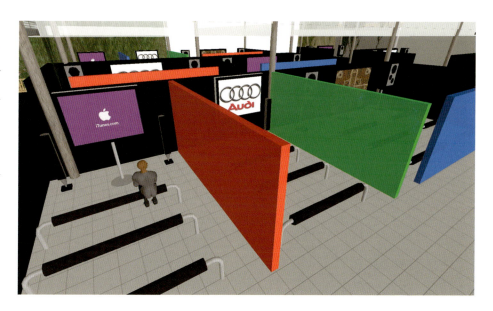

図12. リンク映像を放映可能な展示施設(サンプル画像をリンク)

クトやスクリプトを販売するショップ8棟、アバター個人規模での制作や展示ができるギャラリータイプコテージ23棟、シムを定住拠点とするアバターユースのハウジング・コテージ26棟、山岳地帯に設けたログハウス15棟、アバターコミュニケーションのたまり場となるカフェ2棟および環境装置の数々を設けました。

　私達が建設してきたシムの竣工時の姿が、図13です。セカンドライフの朝・昼・夜といった時間変化に応じて、シム内のさまざまな場所で風景の変化を体験できます。シム内を歩いてゆくと、思わぬ時間帯に、意外な風景を発見することもあります。こうした体験自体、現実社会と同様のものだということがわかります。フルタイム・ウォークスルー・レンダリングは、人間が移動しながら見えている風景の変化をそのまま体験でき、また環境デザインのエスキースツールとしても、大変有効だということがわかりました。というのも従来の3DCGソフトウェアを用いてウォークスルーレンダリングを行えば、諸設定の煩わしさや、アニメーション・レンダリングにたいへん時間がかかりました。当然その結果は優れていても、セカンドライフのフルタイムでの取り回しの良さといった長所は得られませんでしたから。

### 7.2.7　シム建設を通じたセカンドライフの特徴

　セカンドライフでは、風雨をしのぐ必要もないし、あえて建築オブジェクトを設けなくても、すでに存在しているサンドボックス［注11］と呼ばれているスペースがあれば、展示やプロモーションを行ったり、アバター達のアクティビティが展開できるので、仮想社会の暮らしでは、なんら支障はありません。したがって憧憬性あるいはリゾート性に対する欲求は、現実社会で満たせばいいではないか、とする考え方も他方で成立してきます。

　そうであるならば、セカンドライフは最初からわざわざ海や島といったしつらえや、朝・昼・夜といった時間の変化を設定する必要はなく、サーバー容量の数値的提供だけをすればよいはずです。利用者が購入したサーバー容

図13.　竣工時のシム（2007年7月撮影）

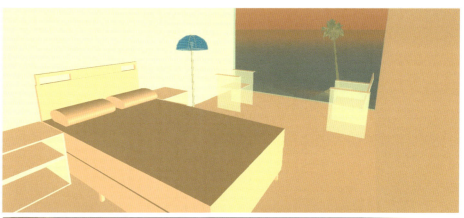

113

量のなかで各自が自由に構築し、後は各シムを渡り歩くことができたり、コミュニケーションネットワークのためのソフトウェアが共通化されていれば、仮想環境は成立できます。こうした具象という概念にとらわれなければ、現在のシムには見られない、より概念的かつ抽象的なシムをつくることだって可能でしょう。さらに推し進めればテキストさえあればコミュニケーションは成立できます。こうした考え方に基づくソーシャルネットワークの典型が、「ミクシィ」でしょう。

　セカンドライフは、「ライフ」という言葉が示すように、現実社会の私達の暮らしおよび暮らしをつくりあげてゆく過程自体を、仮想環境上において実現させようとしているのです。仮想環境において、アバターを介し、どのような暮らしをつくりあげてゆくかを自らがイメージし、そのために利用者の化身であるアバターの容姿をつくり、仮想の住処を構え、コミュニケーション・ネットワークによって仲間を広げ、今までにない出会いがあり、新しい知識を発見し、夢を育み、またビジネスを考え実行しながらちょっとリッチな気分を目指し、共同作業で新しいプログラムや環境をしつらえ、といった具合に必要とされる仕組みとツールと場を提供しているのがセカンドライフです。それゆえに、この世界でくり広げられる暮らしや、数多くのファッションや道具や、アバター自身のスタイルや制作されたオブジェクトやプログラムは、すべて利用者によって所有され、仮想社会の暮らしの目的に添って使用されるのです。

　現実社会の私達の生活は、一過性のものであって、後戻りができません。誰しもが、もし違う人生を歩いていたら、もしもっとスタイルが良かったら、もし違う人と出会っていたら、もし違う仕事に就いていたら、今の自分はもっと違っていたかもしれない、と思うことがあるでしょう。しかし現実社会の私達の生活には、「もしも・・・」という仮説は存在しません。それが唯一存在できるのは、個人のイメージの世界だけです。

　セカンドライフの「セカンド」という概念は、私達がイメージで描いたもうひとつの暮らし方と私は解釈していますが、「もしも・・・」という暮らし方に関わる仮説を仮想環境のなかでシミュレーションし実行できる世界なのです。セカンドライフを定義づければ、インターネットを通じて常時接続し、電子データとして構築された3DCG空間において、利用者がアバターと呼ばれる自分の化身を介して、もうひとつの暮らし方を創造してゆくためのプラットフォームです。こうした考え方を従来のバーチャルリアリティなどの概念と区別し「メタバース」[注12]と呼んでいます。

## 7.3　大学におけるセカンドライフの実験利用

　2007年8月に慶應義塾大学湘南藤沢キャンパスでは、セカンドライフ上に仮想キャンパスを設け研究拠点「慶応義塾セカンドライフキャンパス」を設立しました。研究拠点内では、慶応義塾大学がこれまで蓄積してきた講義の映像を公開します。仮想キャンパスでは、正規科目の講義を公開することは日本では初めての試みだということです。次頁図14[注13]は、WEB上で公開された実験講座の一部ですが、教員の講義用資料やレジメはムービーソフトやバーチャルペーパーで視聴・配布可能、講義は音声でもチャットテキストでも行うことができるうえに、双方向でインタラクティブなコミュニケーションが成立できます。当然質問や議論を展開することも可能となり、現実社会に近い講義形態で行うことができます。

　受講者自らが大学に足を運ぶ必用がないため、世界各地でインターネット接続環境さえあれば、バーチャル講義を受講することができるわけです。そうした点では、現在の大学の講義スタイルを、セカンドライフの仮想環境に移し替えることができるでしょうし、また現時点では精度はあまり高いとはいえませんが外国語自動翻訳機能ソフトもセカンドライフ上で無料提供されています。今後は世界の各国言語に対応できる自動翻訳ソフトも充実してく

a. シム上の講義の案内　　　　b. シム上の講義のレジメ

c. シム上の講義風景

図14. 慶應義塾大学湘南藤沢キャンパス・シムの公開講義

ることが予想されるでしょう。言語の壁を越えたコミュニケーションが実現するのも、そんなに遠いことではないと思われます。距離的な壁、大学相互の壁、言語の壁は、次第に解消され、その先には、新しい大学像が描けるのではないでしょうか。

なおセカンドライフは、民間企業がいち早く参入しており、広告プロモーションやビジネスとして利用されています。そうしたなかですでに著名なシムもあり、他書で紹介されているので本章では割愛しました。

## 7.4　まとめ

私達が建設したシムは、竣工後民間企業に引き継がれ、紹介も評価［注14］されつつ事業として運営されてきました。竣工後半年近く経過したシムが図15です。引き継いだ民間企業によってその後企業向けの事業運営の必要に応じた大幅な改変がなされており、現在竣工時の姿を見ることはできません。仮想環境を改変するのは、現実社会に比べれば実に容易なことであることを私は痛感しました。改変の容易さは、仮想社会の特徴のひとつだといえましょう。したがって完成直後から現実社会以上の早さで、仮想環境の改変が進むことは必然です。人間の改変意識というのは、実は現実社会も仮想環境も変わらないといえます。

シム上に建設した環境全体は、上書きすることによって変更可能なのですが、その後の復元もアバターが建設要素のデータさえキープしていれば可能です。土地の造成データは、利用者サイドでは保存できないといったシステム上の理由があります。つまり建設した環境全体の保存ができない点が大きな特徴です。一度環境全体を改変したら容易に復元できない点は、現実社会と同様であり興味深いです。

現実社会の環境デザインの場面では、公共空間にしつらえられた街具(街灯、ベンチ、サイン、モニュメント、植栽等)は、完成した矢先から、損傷され、

115

落書きされ、そして引き抜かれたりもします。完成時から改変が始まってゆくのが通例です。そうした改変要因は、利用者の意識にあります。

ところで、現実社会と仮想社会の環境改変には、改変する主体に共通する認識や行動が見られます。いずれも最初は部分的なところから、改変が始まります。この程度の範囲内であれば全体に影響を与えないだろうという個人の勝手な潜在意識が働くのでしょう。部分的な改変を繰り返しながら、やがては復元不可能な段階まで改変を続け、結果として環境全体を破壊してゆくとみられます。

こう考えてゆくと、今の地球環境の姿と似ていると思われます。この程度の改変ならば、経済を優先させても環境への影響がないだろうといった行政や国家の甘い認識が継続的に蓄積し、今日の地球環境の温暖化を招いてきたわけです。実は生態系はもとより私達の生活世界は個別的で小さな数多くの環境構成要素が、システマティックな構造のなかで緻密に位置づけられ、相互に関係性をもって存在しています。したがってセカンドライフの建設場面において、個別要素と全体構造との良好かつ最適な関係性を構築してゆくことが、環境デザインの教育にとってもて有効だと思われます。

仮想環境の良いところは、個別要素の改変によって全体環境が変化してゆく様相を、速やかにシミュレーションし可視化できる点です。それでは、仮に利用者個々のアイデンティティがいっせいに表出したらどうなるかを示したのが、次頁図16にあげた日本人が所有し運営するシムの姿です。セカンドライフ上では、実際に東京の山手線の駅名を冠したシムがいくつか存在します。その運営方法は、いずれも個人利用者向けに土地区画を細分化し販売や賃貸をしています。区画された土地を買ったり借りた個々の利用者は、自らのアイデンティティを精一杯発揮し、限られた敷地に、思い思いのイメージでオブジェクトを組み立ててゆきます。その結果が図16に示したように、現実の街以上に混沌とした醜悪な仮想環境ができあがってきます。このようにテーマもルールももたない日本人シムが結構多いです。

こうした風景を見ていると、実際の街づくりの場面でテーマやコンセプトやルールがないままで、個々の主体が自由気ままに街を建設していったらどうなるか、といった結末のシミュレーションをセカンドライフ上で検証しているようでもあります。セカンドライフの環境デザイン上の意義は、まさしく将来の街や風景のシミュレーションができる点です。もし違う人生を歩いていたらというのと同様に、もし好き勝手に複数の個人が思い描く理想の街を、テーマやコンセプトやルールがないまま建設したら・・・、といった仮想あるいは仮説のシミュレーションができます。

環境デザインの立場からみると、セカンドライフの特質は仮説を立て多くの参加者を交えながら街づくりを実行していった場合の未来の街の姿を、シミュレーションによって見とおそうとするシミュレータとしてたいへん有効ではないかと、本書では結論づけておきます。

さらに教育的視点に眼を移せば、こうしたシムの建設過程が環境デザイン教育のツールになり得るのではないかということです。ひとつのシムを多くの受講者達が共有し、建設の現場で、相互に相談し、調整し、そして魅力的なシムにすることができるだろうかとする教育です。建設に対する評価は、不意にシムを訪れる外部のビジター、言い換えればセカンドライフを徘徊している数多くの世界中のビジター達によってなされるでしょう。このサイトの話題を世界という視点で獲得できるか、それはバーチャル環境ではあるが、ある種社会的な評価の実験でもあると思われます。

図 15. 竣工後半年を経過したシムの状態 (2007 年 11 月 30 日撮影)

補記

　本テーマは、追記できない要素を含んでいることをお断りしておきます。仮想環境故に建設、改変、消去が容易にできることを考えれば、すぐにでも消え去る知見を記録しつつ、今後のソーシャルライフへの糧としてゆくことも必要とする観点から判断し執筆したものです。なお本章の記述やセカンドライフの仕様については、2006 年時のものであることをお断りしておきます。

図 16. 平均的な日本のシムの状態 (2007 年 11 月 30 日撮影)

図17. セカンドライフ・マナティリゾートアイランド・コテージ群

# 注および参考文献

**Ch1. これからのデザイン戦略に於けるプロデュース・システムについて**

**1)** Ch1では,デザイン製造企業,デザイン専業事務所をいう.これらのデザイン活動の舞台をデザインの現場と呼ぶ.

**2)** 環境デザインの分野の街づくりでは,自治体,公的組織,民間企業によるプロジェクトがそうである.例えば,法制度によってデザインを誘導するなどの成果をあげた横浜市による一連の都市デザイン,個性ある複数の建築家を起用し調整するマスターアーキテクト方式で実現されたヴェルコリヌ南大沢(東京都多摩市),近代建築の再生とガラス工芸という産業育成とを関連させて街づくりを果たした黒壁スクウェア(滋賀県長浜市),海外では都市再開発の企画・計画・資金調達・建設・運営を一貫して行ってきたラウス社によるフェスティバル・マーケット・プレイス(ボストン市)がある.

**3)** デザインの定義は次の文献を引用している.吉武泰水(2003.6.14)「芸術工学の理念」芸術工学会2003年度春期大会講演資料のなかで九州芸術工科大学大学院設置検討委員会提出文書の一部を抜粋すると次の通りである.
「本学が目指している設計は,技術的知識や造形的能力のみならず,人間とその社会生活への深い洞察,創造力,社会的倫理観を伴った決断力等を必要とする全人間的な活動である.そのような全人間的活動としての設計が,一貫した意図と方法意識を伴って遂行されるとき,われわれはそれを,単純な技術的設計や美術活動の一環としてのいわゆる"デザイン"と区別して,総合設計と呼ぶのである.」

**4)** 勝井三男,田中一光,向井周太郎監修:『現代デザイン事典2000年版』,平凡社,2000.

**5)** Christopher Lorenz, ファイナンシャル・タイムズ社マネージメント・エディター,ロンドン・ビジネススクール,デザインマネージメント委員会顧問,英国デザイン評議会メンバー,引用文献はクリストファー・ロレンツ著・野中郁次郎監訳:『デザイン・マインド・カンパニー』,ダイヤモンド社,1990.

**6)** Robert B.Reich: 政治経済学者,米国ハーバード大学で行政・政治学の教鞭をとる後クリントン政権労働長官,ブランディス大学教授.引用文献は,ロバート・B・ライシュ著・中谷隆訳:『THE WORK OF NATIONS』,ダイヤモンド社,1992.

**7)** 土肥博至,田中奈美:都市デザインにみる時代性,デザイン学研究特集号,Vol2,No,3,p66-71,1994.

**8)** 北尾靖雅,内井昭蔵,北島祥浩:マスターアーキテクト方式でのデザイン連携形成の研究,日本建築学会計画系論文集,第548号,2001,p153-160.

**9)** 三上訓顯:都市づくりにおけるソフト・デザインの展開,デザイン学研究117号 Voi.43 No.4,p67-72.1995.

**10)** 三上訓顯:先駆的デザイン企業の活動特性に基づく類型化の試論,デザイン学研究117号 Voi.43 No.3,p21-30.1996.

**11)** 浜野商品研究所(代表:浜野安宏)1966-1993まで活動,以後分社.筆者は1980以降在籍しプロデュース活動に関わった.

**12)** 三上訓顯:プロデュース方式による余暇施設開発とその成果に関する研究,日本建築学会,地域施設計画研究 19,p13-20,2001.

**13)** 三上訓顯:プロデュース方式による余暇施設開発運営とその将来課題に関する研究,日本建築学会,地域施設計画研究 20,p307-312.2002.

**14)** 三上訓顯,坂本淳二:総合計画における副都心施策と実態に関する考察,日本都市計画学会学術研究論文集,第34号,p115-120,2000.

**15)** 三上訓顯,坂本淳二:プロデュース方式による都市拠点形成のための背後要因の考察,日本建築学会計画系論文集,第559号,p211-218.2002.

**16)** 各分野の段階活動は次の通り.プロダクト分野:1.目標設定,デザイン探求,スクリーニング,2.形態の開発デザイン,テスト,3.製造・管理,4.販売促進/建築分野:1.企画,2.計画,3.設計,4.施

工監理, 維持管理 / 都市分野 : 1. 基本構想 ,2. 基本計画 ,3. 実施計画 .

**17)** 星野匡 :『企画の立て方』, 日経文庫 ,1988.

**18)** 国際的な専門家団体 (PMI) があり国際標準化機構 (ISO) が PM 手順をガイドライン (ISO10006) とする動きがある .2002 年以降日本でも PM 学会 , 資格認定センターの設立等の動きがある .

**19)** 中島秀隆 :『PM プロジェクト・マネージメント』, 日本能率協会マネジメントセンター ,2003.

**20)** 工業デザイン全集編集委員会 :『工業デザイン全集第 3 巻設計方法』, 日本出版サービス ,1982.

**21)** James Cousins:British Rail Design,Danish Design Council,1986.

**22)** JR 東日本旅客鉄道株式会社 :『鉄道とデザイン』,1989.

**23)** 三上訓顯 :「モヤヒルズプロジェクトのコンセプトから実現に至るプロデュース活動について」『芸術工学への誘い 3』,p99-130, 岐阜新聞社 ,1997.

**24)** 森ビル株式会社六本木ヒルズタウンマネージメント室 :『六本木ヒルズ　ハンドブック』: 森ビル⑭ ,2003.

**25)** 日本万国博覧会協会 :『日本万国博覧会公式記録第 1-3 巻』, 電通 ,1972.

**26)** 日本万国博覧会協会 : 日本万国博覧会会場基本計画 ,1966.

**27)** 森島紘史 : バナナ・グリーンゴールド・プロジェクト展報道資料 .2002.

**28)** Kazuo Kawasaki:Basic model of a total artificial heart designed by optical polymerization molding system,Reprinted from Nagoya Medical Journal,Vol,42,No2,July,1998.

**29)** 北山創造研究所が発行したニュースレリースおよび同ホームページでは次の商業施設を記載している . 亀戸サンストリート (1997) 敷地面積 24,520㎡ : 延床面積 37,855㎡, 長崎出島ワーフ (2000) 敷地面積 1,521㎡ : 延床面積 2,489㎡, 堺市プラットプラット (2000), 敷地面積 47,364㎡ : 延床面積 14,891㎡, アクセル仙台 (2000), 敷地面積 26,259㎡ : 延床面積 11,828㎡, 広島市フレスタ本店 (2002): 敷地面積 4,846㎡ : 延床面積 9,910㎡, 函館市魚長食品本店 (2002), 敷地面積 2,806㎡ : 延床面積 2,578㎡.

**30)** 通商産業省 :『商業統計』,1997, および総務省 :『家計調査年報 ,2001』.

**31)** 三上訓顯研究室 : 金山駅北地区整備計画報告書 ,2000.

**32)** 金山北地区開発提案競技実行委員会 : 金山北地区開発提案競技募集要項 , 名古屋都市整備公社 ,2003.

**33)** Peter W.G. Morris and George H.Hough:The Anatomy of Major Procects,Major Projects Association,Templeton College,Oxford.

## Ch2.　プロジェクト・マネージメントについて

**1)** プロデュース企業の活動からプロデュースの存在を明らかにした論文・執筆は以下 .

■ 三上訓顯 : 都市づくりにおけるソフト・デザインの展開 , 平成 8 年 10 月 , 日本デザイン学会 , デザイン学研究 117 号 Voi.43 No.3 日本デザイン学会 ,

■ 三上訓顯 : 先駆的デザイン企業の活動特性に基づく類型化の試論 , 平成 8 年 10 月 , 日本デザイン学会 , デザイン学研究 117 号 Voi.43 No.3 日本デザイン学会

そのプロジェクトに即してプロデュースの役割や構造について明らかにしているのが以下 .

■ 三上訓顯 , 坂本淳二 : プロデュース方式による都市拠点形成のための背後要因の考察 , 平成 14 年 9 月 , 日本建築学会計画系論文集 , 第 559 号 ,p211-218 .

■ 三上訓顯 : コンセプトを実現してゆくプロデュース活動について ,『芸術工学への誘い 3』, 岐阜新聞社 ,p99-130.

**2)** 三上訓顯 : プロデュース活動のコンセプトワークについて ,『芸術工学への誘い 7』, 岐阜新聞社 ,p33-73,

**3)** 名古屋市の住宅プロジェクトでは , 現在施設の建設が進められ 2003 年度には完成しました . しかし , このプロジェクトは最初からプロデュースを想定していませんので , プロデュース方式は採用されていません . 住宅や都市環境の新しい商品開発を意図するのであれば , こうした方法が必要でしょうという提案です . もし , プロデュースをするならばどのようなことを実現までに考えてゆく必要があるかについて以下で論じています .

三上訓顯 : 千種台センター地区商業等整備構想 , 名古屋住宅供給公社 ,2002.

**4)** 浜野商品研究所

**5)** 例えば愛知万国博覧会で , 芸能人をプロデューサーに起用するといった広告代店の PR プロモーション戦略のようにです . 実際に , 国際博覧会のプロデュースは専門家に手によらなければ実現できないことは周知の事実なのですが .

**6)** 大規模なプロジェクトとしては , 都市再生機構 ( 旧日本住宅公団 ) が整備した多摩ニュータウン第 15 住区 ( 呼称ヴェルコリーヌ南大沢 ) があげられます .

**7)** Project Management Institute:The guide to the Project Management Body of knowledge(PMBOK Guide),2000Edition,2000.

**8)** 日本万国博覧会協会 :『日本万国博覧会公式記録第 1 巻 -3 巻』, 電通 , 日本万国博覧会協会 : 日本万国博覧会会場基本計画 ,1972.

**9)** 日本建築学会編 :『コンパクト建築資料集成』, 丸善 ,1990.p 137/ 日経アーキテキチュ

ア,No752,2003 年 9 月 1 日号,p86-87.

**10)** small office home office, 小規模な事業者や個人事業者用のオフィスまたはオフィス兼用住居のこと.企業組織を離れネットワークを利用して仕事を進めるといったワークスタイルも表している.

**11)** merchandising, 広義には生活者に対し,商品価値をつけ提供することの計画から実施での活動,提供内容には,サービスなどの無形の財を含む,本書では,デザインといったソフトを含む商品価値の開発と捉える.

**12)** コンセプトに至る調査と訴求対象の消費特性などの解析,これに基づく一連の提案は Ch2 注 3 による.

**13)** 各デザインは,モジュール間のスケールで面積が異なる.3.3m モジュールでは 81.68㎡,3.6 モジュールでは 90.72㎡.

**14)** フロムファースト,1975 年竣工,東京都港区青山 5-3-9,事業者:太平洋興発株式会社,延床面積 4,916㎡,総合プロデュース:浜野商品研究所,建築設計:山下和正建築研究所,日本建築学会賞受賞.

**15)** コミュニティ形成を提案していることの意味は大きく,コンセプトでは同様の志向性をもつ人が住み,居住者相互や地域に根付くことを背後に意図しています.ここでの考え方と逆行するのが投資対象としてのマンションです.例えば 30 年 (360 ヶ月) の定期借地権付住戸を 2,400 万円相当で分譲購入し,これを賃料 15 万円 / 月で第三者に賃貸しますと,15 × 360=5,400 万円,損益分岐点は賃料収入 180 万円 / 年ですから,入居者の入り替わりによる礼金で諸経費は相殺されることを考えると 2,400 ÷ 180=13.3 ヶ月となり投資対象として成立します.事例対象地は交通アクセスがよいため,他地域よりは少し高い賃料設定で第三者に貸すことが可能でしょう.このような高賃料負担可能な入居者のプロフィールを考察すると,転勤などによる企業の社宅化などの一時的居住者が入居と退去を繰り返すことが予想され,賃貸事業面ではプラスに作用しますが,地域コミュニティとは無縁の環境が出現します.

**16)** 高品位という言葉は,しばしば高級なという意味とはき違えた理解をされます.高級とは価格的等級の高いことを意味しますが,高品位とは,価格的等級ではなく,あらかじめ備わっている性質の良さを意味しています.またブランドという言葉は,他と差異化できる特性をもった商標という意味で用いています.したがって無印良品やユニクロといった大衆商品もブランドとして成立しています.

**17)** 最早開始 (Sealy Start) 作業を開始できる最も早い時期, 最早終了 (EF,Early Finish) 作業を終了できる最も早い時期,最遅開始 (LS,Late Start) 後続作業を遅らせずに作業を開始できる最も遅い時期,最遅開始 (LF:Late Finish) 後続作業を遅らせずに作業を終了できる最も遅い時期.

## Ch3. コンセプトクリエイションの基礎

**1)** 三上訓顯:プロデュース活動のコンセプトワークについて - 環境デザインにおけるプロジェクト・プロポーザルの考え方 -, 芸術工学への誘い 7, 岐阜新聞社, 2003, P33-73.

**2)** 廣松渉:『もの・こと・ことば』, 勁草書房, 1979.

**3)** 英 )concept: 言葉によって表現された概念のことを「名辞」という.ある多くの事物のもつさまざまな特徴のなかから取りだされてきた,それらの事物が他の事物から明瞭に区別されうるような,本質的な諸特徴が,普通ある概念の「意味」とか「内容」といわれるものである.こうした概念の「意味内容」のことを,論理学では,概念の「内包」と呼ぶ.これに対して,ある「概念」を適用しうる事物の集合,すなわち概念の「適用範囲」のことを,概念の「外延」(クラス)と呼ぶ.『哲学事典』,平凡社, 1986.

**4)** 服部金太郎:『図書分類法概説』, 明治書院, 1980.

**5)** アップル社の商標の意味について,アップルコンピュータ・ジャパンにたずねた (2002.11.25) がコメントできないので理解いただきたいとの返事があった.

**6)** 村山涼一:論理的に考える技術, ソフトバンククリエイティブ, 2006.

**7)** 同様の conception には次の語義がある.【1】心に抱く [ 描く ] こと,概念形成 [ 作用 ]; 概念構成力; 把握力, 理解力.【2】概念,考え,構想 ( すること )【3】考案された もの,発明.【4】着想,創案;案,計画;( 実在しないものの ) 想像図:【5】受精,受胎,懐妊 (fertilization); 胎児 (fetus):conception-control 受胎調節,産児制限.【6】起源,発端.「ランダムハウス英語辞典 Macintosh 版」, 小学館, 1999.

## Ch4. コンセプトクリエイションの方法

**1)** 阿部公正:『阿部公正評論集 - デザイン思考』, 美術出版社, 1978.

**2)** 名古屋市の都心機能見直しの際に研究資料として作成した.内容はシミュレーション・モデルであり,実際の事業は行われていない.初出は名古屋市計画局都心核東部地区整備検討委員会, 2000.

**3)** 国勢調査による世帯数の推移を名古屋市全市,現在の区域である都心区の中区と,市境界に接し郊外区の緑区との 20 年間の世帯数推移は次の通り.全市 634,794(1880),634,794(1990),897,932(2000), 中区 24,188(1880),27,354(1990),30,719 (2000), 緑区 33,324(18

80),48,704(1990),73,938(2000).20年間の推移では市全体141%増,中区127%増,緑区222%増となる.市全体の世帯数は増加し,都心区よりは郊外区の増加が著しい.

4) 名古屋市商業統計調査累年統計によれば年間販売額(単位:万円)の推移は次の通り.卸売業全体4,745,307,145(1991),4,116,096,049(1994),4,177,389,699(1997) で低減伸び悩み傾向であり経済動向を反映している.細分類では,繊維・機械器具・建築材料等卸売業では,3,125,906,247(1991),2,898,849,208(1994),3,019,552,952(1997),減増推移がみられるが数値の変化幅は少なく成長はしていない.繊維・衣服等卸売業だけをみると,236,653,548(1994),199,247,750(1997)と2割減少している.なお(1994)は繊維・衣服等卸売業の項目が,繊維・機械器具・建築材料等卸売業項目に含められているのでわからないが,卸全体以上との比較では繊維・衣服等卸売業は衰退傾向が顕著だといえる.(文8).

5) 名古屋女子文化短期大学 生活文化学科.内容は次の通り.第1部 □生活文化専攻 ■生活文化コース■インテリアコース■キャリア秘書コース■グリーンインテリアコース■国際文化コース■教職コース■イラストレーションコース ■服飾専攻 ■コーディネートコース■ファッションクリエイトコース■デザインコース ■食生活専攻 ■フードコーディネートコース■製菓クリエイトコース(夜間)■ライフ デザインコース,その他に専門学校として次の科目や講座がある.○名古屋服飾専門学校 ファッションテクニカル科/ファッションビジネス科/そのほかにグレイセス専攻科:裏千家・茶道,いけばな,小笠原流礼法,歌舞伎の世界,歌舞伎鑑賞法,能楽鑑賞入門,能装束と面,狂言鑑賞入門,茶陶の美,陶房を訪ねて,きものの着付と着こなし.

6) ファッション総研:『ファッション産業ビジネス用語辞典』,ダイヤモンド社.

7) 広義のファッションの定義に基づき生活関連産業4分類した.狭義の衣服という意味のファッション産業はアパレル産業,アクセサリー産業を指す.

第1の皮膚系「ﾍﾙｼｰ-＆ﾋﾞｭｰﾃｨｰ」の皮膚健康と身だしなみのニーズ:■ビューティー産業(化粧品,香水,理美容)■スポーツ用品産業■クリーニング産業■健康器具,健康食品産業.第2の皮膚系「ワードローブ」の皮膚着こなしのニーズ:■アパレル産業■アクセサリー産業■アパレル素材産業■その他素材産業■きもの産業■ファッション小売業■ファッション関連産業(副素材産業・関連機器業界・その他 関連業界)■インテリア産業■家具産業■寝具産業.第3の皮膚系「インテリア」の皮膚暮らし心地のニーズ:■インテリア小物産業■TOY産業■ホビー産業■照明機器産業■食器・暖房機器産業■家庭電気・マイコン産業■AV産業■ステーショナリー産業■カメラ産業.第4の皮膚系「コミュニティ」の皮膚住まい心地のニーズ:■住宅産業■エクステリア産業■自動車・自転車産業■レジャー産業■リゾート産業■ホテル産業■外食産業.ファッション総研:『ファッション産業ビジネス用語辞典』,ダイヤモンド社.

8) 和辻哲朗:『風土-人間学的考察』,岩波書店,1935.

9) 三上訓顕:「プロデュースをしてゆく立場からの提案,囲郭型街づくり,平成13年1月,日本デザイン学会,デザイン学研究特集号,2002,P42-47.

10) 田島義博:『マーチャンダイジングの知識』,日経文庫,1988.

11) 村田昭治,井関利明,川勝久:『ライフスタイル全書』,ダイヤモンド社,1979.

12) クリストファ・アレグザンダー(著);平田翰那(訳):『パターンランゲージ』,鹿島出版,1985,Christopher Alexander:「The Timeless Way of Building」,Oxford University press,1979.

13) 三上訓顕研究室:名古屋市千種台商業施設需要報告書,名古屋市住宅供給公社,2001

## Ch5. コンセプトクリエイションの表現

1) 出原栄一,吉田武夫,渥美浩章:『図の体系』,日科技連,1986.

2) 三上訓顕研究室:中華人民共和国江蘇省溧陽市天目湖新鎮総体規画,中華人民共和国江蘇省溧陽市,北山創造研究所,2004.

3) 三上訓顕研究室:市民ライフサポート・デザイン・センター 2001.

4) 三上訓顕研究室:IC FRONTの形成に向けて,パシフィック・コンサルタンツ,2003.

5) 三上訓顕研究室:金山駅前北口地区整備計画,名古屋市,1999.

6) 三上訓顕研究室:JR中央線高架事業,JR東日本・北山創造研究所,2006.

7) 三上訓顕研究室:豊橋"海道市"づくり構想提案,北山創造研究所,2006.

## Ch6. 環境デザイン教育におけるイマジニアリングについて

1) Edired by Karal Ann Marling:Designing Disney's Theme Parks.Flammarion,1997.

2) ディズニーカンパニーの一部門としてデイズニー・イマジニアリング社がある.ディズニーテーマパークを始めとする施設の企画やデザインを行っている.WEBでは次の解説がある.用語はNational Carbon社のManagement Magazineのために執筆され,ユニオン・カーバイド社によって増刷された社内記事でリチャードF.Sailerによってつくられた.「ブレーンストーミングは想像工学です」という記事は1957年に発行され,版権を取られて,未知の手段でディズニーに力で引き抜かれた.(ディズニー)エンタープライズは1967年に用語のための商標登録をした.http://en.wikipedia.org/wiki/Walt_Disney_Imagineering

3) 和辻哲郎:『風土』,岩波書店,1935.
4) 留意すべき点は2点あげられる.第1バーチャルという言葉の類似性や,コンピュータを多用するといった汎用性をもつことから,過去に,情報デザイン系分野において本プログラムを実施してきたことがあった.結果としてまとめられた作品は,地域や環境特性に対する考察の欠如,あるいは空間規模やスケール感の把握がなされず,リアリティを欠いた空間となった.この原因は,受講する学生の意識が最大の留意点となり,都市や地域の環境デザインを学ぶというよりは,バーチャル空間を用いたゲームソフトの舞台づくりといった具合に方向違いの認識をされるなど,本プログラムの基本的考え方からは逸脱する.第2の点は,授業の必要上,新しいソフトウェアのオペレーションの習得を伴うが,ともすれば,こうしたオペレーションの習得に学生の関心と時間が費やされ,技法的な表現にこだわったあげく,本来の環境-人間系への理解がおろそかになる点である.
5) e-frontier 社製,Vue d'Esprit4, Vue Infinite5.
6) Edired by Karal Ann Marling:Designing Disney's Theme Parks.Flammarion,1997.

### Ch7. セカンドライフを用いた環境デザイン教育のイマジニアリング

1) ソーシャルネットワーキング・サービス:インータネットなどのオンライン上で社会的ネットワークを構築するのが,ソーシャルネットワーキングサービス(SNSまたはYASNS)である.代表例をあげると次のとおりである.数多くのブログサイト,「ミクシィ」,「マイスペース」,動画共有の「ユーチューブ」,写真共有の「フリッカー」,ソーシャルニュースの「ディグ」,「ニューシング」,ブックマークコミュニティの「デリシャス」,「はてなブックマーク」,Q&Aコミュニティの「教えてgoo」,「ヤフー知恵袋」,口コミサイトの「価格.com」,「ECナビ」,「@コスメ」など.
2) セカンドライフ:リンデン・ラボ社が開発運営している代表的なメタバースのひとつ.利用者の制作物の著作権および所有権が認められていること,Second Life内の仮想通貨を現実通貨に換金できることが特徴である.オンラインゲームと呼称されることが多いが,リンデン・ラボ社はWorldと呼称している.また,World内に存在するコンテンツのほとんどはユーザーの手によってつくり上げられており,ゲームというよりもシミュレータと呼ぶべき.オンラインゲーム感覚で利用するユーザーと,仕事や教育目的で利用するユーザーとに分かれている.リンデン・ラボの発表によれば,利用時間は年齢層が高くなるにつれて長くなる傾向にあり,そのためか他のオンラインゲームと比べてユーザーの年齢層が高いといわれている.また,女性ユーザーは数では男性の半分にも満たないが,平均利用時間は男性の約2倍となっている.(Wikipediaより引用加筆)
3) 化身:仮想環境に出現した自分の化身.Wikipediaでは分身と誤訳していたが,分身の英訳は,alteregoまたはshadowであり,日本語の意味はもう一人の自分,影法師と訳され,自分と瓜二つの姿というのが,分身の概念である.セカンドライフでは,自分と似て非なる姿をとることができるのであるから化身という訳語が適切.
4) シム:シミュレーターの略で地理的,管理上の単位,サーバーごとに管理していたためにこの呼び方がなされる.3DCG上ではオーナーが所有できる地域の最小単位.本章では,私達が建設した作業範囲をシムと呼んでいる.
5) 湯川鶴章:『爆発するソーシャルメディア,ソフトバンク親書034』,2007.
6) ソニマ社(旧社名:株式会社デジソニック)
7) 会話はブログ形式で行われ,すべて記録可能.
8) プリム:形をなしているオブジェクトを構成する部材の最小単位をプリムと呼ぶ.マイケル・リマズイスキー他著,デジタルハリウッド大学院セカンドライフ研究室監訳セカンドライフ公式ガイド,インプレスR&D,2007.
9) スクリプト:すべてのオブジェクトの動作を行うためのプログラム.ウェブインパクト著,セカンドライフでつくるリンデンスクリプト入門,ウェブインパクト,2007.
10) キャンピング:ある場所で一定時間とどまったりダンスしたりするなどによって仮想通貨を得る少額の仕事.
11) サンドホックス:無料利用者が,3D制作ができるシム上のスペース.通例は無料利用者は,オブジェクトの制作はできない.
12) メタバース:3Dでつくられ,ネットワークで接続された仮想世界を指す言葉.
13) 慶應義塾大学湘南藤沢キャンパス井庭研究室,写真の引用URLは次の通り. http://web.sfc.keio.ac.jp/~iba/sb/log/eid28.html
14) 日本経済新聞2007.7.18.朝刊にシムの写真入りで紹介.

# 筆者の仕事

**1. 著書**

1) 三上訓顯：3章人が楽しくあるくみち,P79-102, 4章まちの回遊空間と路地の復権, P103-143, 6章人が集い共感しあう広場 p143-156, 三井不動産＆北山創造研究所編『まちづくりの智恵と作法』日本経済新聞社 ,1994.

2) 三上訓顯：北山創造研究所編『実践・生活プロデュース』担当執筆部分 P42〜43,P80〜85, P98〜101,P106〜111,P178〜181,P188, 日経BP社 ,1995.

3) 三上訓顯：都市づくりにおけるプロデュース , 土肥博至編著『環境デザインの世界』P170-185, 井上書院 ,1997.

4) 三上訓顯：ラブジョイ , p68-70, ファヌイエル・マーケット・プレイス ,p265〜267, 日本建築学会編『空間体験 , 世界の建築・都市デザイン』井上書院 ,1997.

5) 三上訓顯：モヤヒルズプロジェクトのコンセプトから実現に至るプロデュース活動について『芸術工学への誘い3』p99-130, 岐阜新聞社 ,1999.

6) 三上訓顯：都市づくりにおける界隈性について『芸術工学への誘い4』p62-79, 岐阜新聞社 ,2000

7) 三上訓顯：デザインの教育と現場をつなぐ活動について『芸術工学への誘い5』p137-150, 岐阜新聞社 ,2001.

8) 三上訓顯：ウォーターフロントプロジェクトのプロデュース活動を通じて学んだことについて『芸術工学への誘い6』p168-196,2002.

9) 三上訓顯：プロデュース活動のコンセプトワークについて - 環境デザインにおけるプロジェクト・プロポーザルの考え方『芸術工学への誘い7』P33-73, 岐阜新聞社 ,2003.

10) 三上訓顯：フェアコートファウンテン , 日本建築学会編『空間要素 - 世界の建築・都市デザイン』P190 , 井上書院 , 2003.

11) 三上訓顯：プロデュース活動のプロジェクトマネージメントについて『芸術工学への誘い8』P293-322, 岐阜新聞社 ,2004.

12) 三上訓顯：都市拠点整備におけるコンセプトの成立背景について - 金山北地区開発呼称 : アスナル金山の構想提案を事例とする『芸術工学への誘い9』p68-98, 岐阜新聞社 , 2005.

13) 中華人民共和国江蘇省溧陽市天目湖新鎮総合計画策定ワーキングを事例とする『芸術工学への誘い10』p146-181, 岐阜新聞社 , 2006.

14) 三上訓顯：環境デザインのイマジニアリングについて , イマジネーションを具現化してゆく方法『芸術工学への誘い11』P273-309, 岐阜新聞社 , 2007.

15) 三上訓顯：ソーシャルネットワークを用いた仮想環境のデザインについて『芸術工学への誘い12』p153-181, 岐阜新聞社 , 2008.

16) 三上訓顯：環境デザイン・スクリプト , オニマスとアノニマスの都市景観について『芸術工学への誘い13』p191-203, 岐阜新聞社 ,2009.

17) 三上訓顯：環境デザイン・スクリプト , ヴェルコリーヌ南大沢のまちづくり手法について『芸術工学への誘い14』p31-37, 名古屋市立大学大学院芸術工学研究科紀要 , 2010.

18) 三上訓顯：名古屋と京都の都市構造『芸術工学への誘い15』p105-110, 名古屋市立大学大学院芸術工学研究科紀要 , 2011.

19) 三上訓顯：名古屋市ささしまライブ24地区都市開発事業のエリアマネージメント『芸術工学への誘い16』p109-119, 名古屋市立大学大学院芸術工学研究科紀要 , 2012.

20) 三上訓顯：海に向かう家 , 海を避ける家 , 居住環境の構え方に関するスクリプト『芸術工学への誘い17』p27-32, 名古屋市立大学大学院芸術工学研究科紀要 , 2013.

21) 三上訓顯：マーチャンダイジングデザイン論スクリプト , 総合デザイナーのための新科目の試みについて『芸術工学への誘い18』p11-16, 名古屋市立大学大学院芸術工学研究科紀要 , 2014.

22) 三上訓顯：名古屋市のアイデンティティ「自動車都市」，交通事情と街路網の形成について『芸術工学への誘い 19』p3-8, 名古屋市立大学大学院芸術工学研究科紀要, 2015.

23) 三上訓顯：地域貢献科目「地域プロジェクト」11 年間の活動について『芸術工学への誘い 20』p33-44, 名古屋市立大学大学院芸術工学研究科紀要, 2015.

24) 三上訓顯：建築史上の２つの経験『芸術工学への誘い 21』名古屋市立大学大学院芸術工学研究科紀要, 2017.

25) 三上訓顯：『環境デザインのプロデュース・コンセプトクリエイション・イマジニアリング』, 井上書院, 2017.

## 2. 審査付学術論文

1) 土肥博至, 境浩志, 三上訓顯, 鎌田元弘, 伊藤真市, 原田和典, 馬上奈美：現代住宅のタイポロジー 2 その1, 戦後日本の居住空間の構成と変容, 日本建築学会関東支部研究報告選集, p117-120, 1989.

2) 土肥博至, 境浩志, 三上訓顯, 鎌田元弘, 伊藤真市, 原田和典, 馬上奈美：現代住宅のタイポロジー2 第2集団分析結果の報告, 日本建築学会関東支部研究報告選集, P121-124, 1989.

3) 三上訓顯, 土肥博至, 鎌田元弘, 境浩志, 伊藤真市, 馬上奈美, 原田和典, 山下博史：商品化住宅のタイポロジー その1商品化住宅の空間の構成と変容, 1990 年度日本建築学会関東支部研究報告選集, p93-96, 1990.

4) 三上訓顯, 土肥博至, 鎌田元弘, 境浩志, 伊藤真市, 馬上奈美, 原田和典, 山下博史：商品化住宅のタイポロジー その２．商品化住宅の特性と位置付け, 1990 年度日本建築学会関東支部研究報告選集, p97-100, 1990.

5) 三上訓顯：都市づくりにおけるソフト・デザインの展開, 日本デザイン学会, デザイン学研究 117 号 Voi43 No3 日本デザイン学会, p62-72, 1996.

6) 三上訓顯：先駆的デザイン企業の活動特性に基づく類型化の試論, 日本デザイン学会, デザイン学研究 117 号 Voi43 No3 日本デザイン学会, p21-30, 1996.

7) 三上訓顯：現代デザイン企業におけるソフトデザインの成立過程に関する考察 ( 博士論文 ), 筑波大学芸術学研究科, 1997.

8) 三上訓顯, 坂本淳二：総合計画における副都心施策と実態に関する考察, 日本都市計画学会都市計画論文集第 34 号共同研究者：三上訓顯, , p115 〜 120, 1999.

9) 三上訓顯・北山孝雄・北山孝二郎・Debora Sussman・三浦雄一郎：「モヤヒルズ・プロジェクト」の総合プロデュースと環境デザイン, 日本デザイン学会, デザイン学研究作品集 vol5, No5, 共同研究者：三上訓顯, p52-57, 2000.

10) 三上訓顯・：プロデュースをしてゆく立場からの提案「囲郭型街づくり」, 日本デザイン学会, デザイン学研究特集号, P42-47, 2001.

11) 三上訓顯：プロデュース方式による余暇施設開発とその成果に関する研究, 日本建築学会建築計画委員会地域施設計画小委員会, 地域施設計画研究 No19, p13 〜 20, 2001.

12) 三上訓顯・坂本淳二：プロデュース方式による都市拠点形成のための背後要因の考察, 日本建築学会計画系論文集, 第 559 号, p211-218, 2002.

13) 三上訓顯：プロデュース方式による余暇施設開発運営とその将来課題に関する研究, 日本建築学会建築計画委員会地域施設計画小委員会, 地域施設計画研究 20, p307-312, 2003.

14) 三上訓顯：これからのデザイン戦略におけるプロデュース・システムについて, 日本デザイン学会 50 周年記念論文集, 第 12 巻 2 号, 通巻 46 号, p53-63, 2004.

15) 三上訓顯：プロデュース方式による通年型余暇施設の利用面からみた再生可能性について, 日本建築学会建築計画委員会地域施設計画小委員会, 地域施設計画研究 22, p227-232, 2004.

16) 三上訓顯：モヤヒルズの経営について, 日本デザイン学会, デザイン学研究特集号, Vol113, No2p65-66, 2005.

17) 三上訓顯：プロデュース方式による通年型余暇施設の再生整備指標について - 青森市モヤヒルズを事例とする一連の研究のまとめ -, 日本建築学会建築計画委員会地域施設計画小委員会, 地域施設計画研究 No24, p413-420, 2006.

18) 伊藤孝紀, 三上訓顯：2005 年日本国際博覧会における環境演出特性に関する研究, 日本デザイン学会, デザイン学研究 Vol54, No4, p81-88, 2007.

19) 伊藤孝紀, 三上訓顯：参加者の体験からみる環境演出の認知特性に関する研究, 日本デザイン学会, デザイン学研究 Vol54, No4, p1-8, 2007.

20) 大野紘資, 伊藤孝紀, 三上訓顯：通年利用型余暇施設への再生に関する研究, 上信越地方スキー場を対象とするタイポロジー, 日本建築学会建築計画委員会地域施設計画小委員会, 地域施設計画研究 No25, p147-152 , 2007.

21) 大野紘資, 伊藤孝紀, 犬塚道彰, 三上訓顯：東北 5 県地方スキー場の運営面におけるタイポロジー, 日本建築学会建築計画委員会地域施設計画小委員会, 地域施設計画研究 No26, p231-236, 2008.

22) 西口真也, 三上訓顯：ニューエイジブランドの抽出とその特徴に関する考察, 日本デザイン学会,

デザイン学研究 Vol58 No1,p85-94,2011.

23) 西口真也,三上訓顯:ゆとり世代の余暇活動意識の要因について,日本建築学会建築計画委員会地域施設計画小委員会,地域施設計画研究 No29,p27-32,2011.

24) 小川直茂,三上訓顯,川崎和男:薬剤服用におけるユーザビリティの最適化デザイン-薬包紙のデザインモデル提案を事例として,日本デザイン学会,デザイン学研究 Vol60 No.2,p77-84,2013.

25) 鈴木緑,西口真也,坂本淳二,三上訓顯:1990 年以降の我が国スキー場における変容と類型化について,日本建築学会建築計画委員会地域施設計画小委員会,地域施設計画研究 No34,p243-252,2016.

26) 小川直茂,三上訓顯:薬剤服用忘れ改善に向けた薬袋の情報デザインに関する研究,日本造形学会論文集2015,基礎造形 024,p5-12,2016.

27) 小川直茂,三上訓顯:医療・健康ライフサポートモデル構築に向けた薬事システムの課題抽出に関する研究,日本デザイン学会,2016(掲載決定済み)

### 3. 大会発表論文他

**1)** 三上訓顯,重松樫三他 12 人:児童・生徒の創造的能力の発達についての実践的研究,筑波大学学校教育部,筑波大学学校教育部紀要第2巻,担当執筆部分「発想力,図による表現力,構成力の調査と技術・家庭科,工芸科目の指導方法について」p39-87,1980. 共同執筆者:小林学

**2)** 伊藤真市,鎌田元弘,三上訓顯,境浩志,土肥博至:戦後日本の居住空間の構成と変容1,その1.研究の背景と調査について,日本建築学会大会学術講演梗概集,1989,p73・74

**3)** 鎌田元弘,三上訓顯,境浩志,土肥博至,伊藤真市::戦後日本の居住空間の構成と変容2 その2.住宅の変遷と各種空間の変容について,日本建築学会九州大会(於熊本大学),日本建築学会大会学術講演梗概集,p75・76 ,1989.

**4)** 三上訓顯,境浩志,土肥博至,伊藤真市,鎌田元弘:現代住宅のタイポロジー その1.準居室空間の検討,日本建築学会大会学術講演梗概集,p77-78,1989.

**5)** 境浩志,土肥博至,伊藤真市,鎌田元弘,三上訓顯:現代住宅のタイポロジー その2.居室の連続性とアプローチ空間,日本建築学会大会学術講演梗概集,p79-80,1989.

**6)** 土肥博至,伊藤真市,鎌田元弘,三上訓顯,境浩志:現代住宅のタイポロジー その3.現代住宅のタイポロジー,日本建築学会大会学術講演梗概集,p75-76,1989.

**7)** 原田和典,土肥博至,鎌田元弘,境浩志,三上訓顯,伊藤真市,馬上奈美:現代住宅のタイポロジー3 その1.研究の目的と年代的変遷,日本建築学会大会学術講演梗概集,p167-168,1990.

**8)** 馬上奈美,土肥博至,鎌田元弘,境浩志,三上訓顯,伊藤真市,原田和典:現代住宅のタイポロジー3 その2.基本タイプの抽出と出現状況,日本建築学会大会学術講演梗概集,p169-170,1990.

**9)** 鎌田元弘,土肥博至,境浩志,三上訓顯,伊藤真市,馬上奈美,原田和典:作家住宅のタイポロジー その1.調査と全体の概要,日本建築学会大会学術講演梗概集,p171-172,1990.

**10)** 土肥博至,鎌田元弘,境浩志,三上訓顯,伊藤真市,馬上奈美,原田和典:作家住宅のタイポロジー その2.タイプ構成からみた作家住宅,日本建築学会大会学術講演梗概集,p173-174,1990.

**11)** 境浩志,土肥博至,鎌田元弘,三上訓顯,伊藤真市,馬上奈美,原田和典:作家住宅の特性の検討 その1.続き間型住宅とアプローチ空間,日本建築学会大会学術講演梗概集,p175-176,1990.

**12)** 三上訓顯,土肥博至,鎌田元弘,境浩志,伊藤真市,馬上奈美,原田和典:作家住宅の特性の検討 その2.つなぎ空間の構成と変容,日本建築学会大会学術講演梗概集,p177-178,1990.

**13)** 伊藤真市,上訓顯,土肥博至,鎌田元弘,境浩志,三上訓顯,馬上奈美,原田和典:作家住宅の特性の検討 その3.タイポロジーからみた作家住宅の特色,日本建築学会大会学術講演梗概集,1990.

**14)** 鈴木ひろ枝,伊藤真市,鎌田元弘,三上訓顯,境浩志,原田和典,馬上奈美,土肥博至:現代住宅のタイポロジー4 その1.公共住宅の空間構成と変容,日本建築学会大会学術講演梗概集,p157-158,1991.

**15)** 柳原博史,伊藤真市,鎌田元弘,三上訓顯,境浩志,原田和典,馬上奈美,鈴木ひろ枝,土肥博至:現代住宅のタイポロジー4 その2.工務店住宅の空間構成と変容,日本建築学会大会学術講演梗概集,p159-160,1991.

**16)** 伊藤真市,鎌田元弘,三上訓顯,境浩志,原田和典,馬上奈美,鈴木ひろ枝,土肥博至,柳原博史:現代住宅のタイポロジー4 その3.公共・工務店住宅におけるタイプの出現状況,日本建築学会大会学術講演梗概集,p161-162,1991.

**17)** 土肥博至,伊藤真市,鎌田元弘,三上訓顯,境浩志,原田和典,馬上奈美,鈴木ひろ枝,柳原博史:現代住宅のタイポロジー4 その4.各サンプル群の比較考察,日本建築学会大会学術講演梗概集,p151-162,1991.

**18)** 原田和典,土肥博至,伊藤真市,鎌田元弘,三上訓顯,境浩志,馬上奈美,鈴木ひろ枝,柳原博史:現代住宅のタイポロジー5 その1.住空間のタイプと住居・居住属性について,日本建築学会大会学術講演梗概集,p241-242,1992.

**19)** 伊藤真市,原田和典,土肥博至,鎌田元弘,三上訓顯,境浩志,馬上奈美,鈴木ひろ枝,柳原博史:現代住宅のタイポロジー5 その2.住空間の変遷要因について,日本建築学会大会学術講演梗概

集 ,p243-244,1992.

20) 三上訓顯 : 余暇施設開発の実際 . 青森市観光レクリェーション機能整備事業「雲谷ヒルズ」, 日本建築学会大会学術講演梗概集 ,p299-300,1996.

21) 三上訓顯 : 余暇施設開発の実際 2. 青森市「雲谷ヒルズ」プロジェクト過程の活動体系について , 日本建築学会大会学術講演梗概集 ,p469-470,1997.

22) 三上訓顯 : 余暇施設開発の実際 3. 青森市「雲谷ヒルズ」プロジェクトのデザインガイドラインについて , 日本建築学会大会学術講演梗概集 ,p401-402,1998.

23) 三上訓顯 , 上北恭史 , 合原勝之 , 田中一成 : 日本語キネティックタイポグラフィーの特徴 , その 1 日本語キネティックタイポグラフィーの研究 , デザイン学研究第 45 回研究発表大会概要集 45,p94-95,1998.

24) 三上訓顯 , 上北恭史 , 合原勝之 , 田中一成 : デザイン教育における日本語キネティックタイポグラフィーによる実習の試み , その 2 日本語キネティックタイポグラフィーの研究 , デザイン学研究第 45 回研究発表大会概要集 45,p96-97,1998.

25) 三上訓顯 , 上北恭史 , 合原勝之 , 田中一成 : 日本語キネティックタイポグラフィーによる携帯情報端末システムへの導入について , その 3 日本語キネティックタイポグラフィーの研究 , デザイン学研究第 45 回研究発表大会概要集 45,p98-99,1998.

26) 三上訓顯 : 余暇施設開発の実際 4. 青森市「モヤヒルズ」の稼働実態について , 日本建築学会大会学術講演梗概集 ,p483-484,1999.

27) 三上訓顯 : 余暇施設開発の実際 5. 青森県内スキー場の経年変化にみる集客特性 , 日本建築学会大会学術講演梗概集 ,p487-488,2000.

28) 三上訓顯 : 余暇施設開発の実際 6. モヤヒルズにおける将来需要の課題について , 日本建築学会大会学術講演梗概集 ,p291-292,2001.

29) 三上訓顯 : 余暇施設開発の実際 7. 青森市モヤヒルズにおける利用者意識満足度に関する調査概要について , 日本建築学会大会学術講演梗概集 ,p385-386,2002.

30) 三上訓顯 : 余暇施設開発の実際 8. 青森市モヤヒルズにおけるイベント運営の実態について , 日本建築学会大会学術講演梗概集 ,p363-364,2003.

31) 三上訓顯 : 余暇施設開発の実際 9. 青森市モヤヒルズにおける民間事業者の運営実態について , 日本建築学会大会学術講演梗概集 ,p543-544,2004.

32) 三上訓顯 : 環境デザインの総合プロデュースに関する覚書 - コンセプトワークとスケマティック・デザインの実践 , 名古屋造形芸術大学紀要第 11 号—2005,BULLETIN-VOL11,P71-85,2005.

33) 三上訓顯 : 余暇施設開発の実際 10. 青森市モヤヒルズ・プロジェクトに関する研究のまとめ , 日本建築学会大会学術講演梗概集 ,p525—526,2005.

34) 三上訓顯 :20 世紀後半デザイン分野におけるプロデュース企業の特徴について - 浜野商品研究所のデザイン活動とプロモーション活動を事例とする , 名古屋造形芸術大学紀要第 12 号 -2006,BULLETIN-VOL12,p89-102,2006.

35) 竹下和男 , 大野紘資 , 三上訓顯 : 余暇施設開発の実際 11.1990 年以降我が国スキー場を取り巻く運営環境について , 日本建築学会大会学術講演梗概集 ,p415-416,2006.

36) 大野紘資 , 三上訓顯 , 竹下和男 : 余暇施設開発の実際 12.1990 年以降の上信越地方におけるスキー場の傾向と分類基準について , 日本建築学会大会学術講演梗概集 ,p417-418,2006.

37) 三上訓顯 , 竹下和男 , 大野紘資 : 余暇施設開発の実際 13. 上信越地方におけるスキー場のタイポロジー ,, 日本建築学会大会学術講演梗概集 ,p419-420,2006.

38) 伊藤孝紀 , 大野紘資 , 犬塚道彰 , 三上訓顯 : 余暇施設開発の実際 14. 利用者志向型スキー場の開発経緯について , 日本建築学会大会学術講演梗概集 ,p531-532,2007.

39) 大野紘資 , 犬塚道彰 , 三上訓顯 , 伊藤孝紀 : 余暇施設開発の実際 15. キューピットバレイの運営特性について , 日本建築学会大会学術講演梗概集 ,p533-534,2007.

40) 犬塚道彰 , 三上訓顯 , 伊藤孝紀 , 大野紘資 : 余暇施設開発の実際 16. 東北 5 県スキー場の分布特性と入込者数推移について , 日本建築学会大会学術講演梗概集 ,p535-536,2007.

41) 三上訓顯 , 伊藤孝紀 , 大野紘資 , 犬塚道彰 : 余暇施設開発の実際 17. 東北地方におけるスキー場のタイポロジー , 日本建築学会大会学術講演梗概集 ,p537-538,2007.

42) 加古拓也 , 大野紘資 , 三上訓顯 , 伊藤孝紀 : 余暇施設開発の実際 18. 中国地方スキー場の分布特性と入込者数推移について , 日本建築学会大会学術講演梗概集 ,p509-510,2008.

43) 大野紘資 , 三上訓顯 , 伊藤孝紀 , 加古拓也 ,: 余暇施設開発の実際 19. 北陸地方におけるスキー場のタイポロジー , 日本建築学会大会学術講演梗概集 ,p511-512,2008.

44) 三上訓顯 , 伊藤孝紀 , 加古拓也 , 大野紘資 ,: 余暇施設開発の実際 20. 中国地方におけるスキー場のタイポロジー , 日本建築学会大会学術講演梗概集 ,p513-514,2008.

45) 加古拓也 , 大野紘資 , 三上訓顯 : 余暇施設開発の実際 21. スキー場運営に関するアンケート結果の出現特性について , 日本建築学会大会学術講演梗概集 ,p279-280,2009.

46) 大野紘資三上訓顯 , 加古拓也 : 余暇施設開発の実際 22. 全国スキー場群の運営特性について , 日本建築学会大会学術講演梗概集 ,p281-282,2009.

47) 三上訓顯,加古拓也,大野紘資:余暇施設開発の実際23.良好なスキー場の運営特性について,日本建築学会大会学術講演梗概集,p283-284,2009.

48) 三上訓顯,大野紘資西口真也:余暇施設開発の実際24.20代若者の余暇活動意識の出現状況について,日本建築学会大会学術講演梗概集,p335-336,2010.

49) 大野紘資西口真也,三上訓顯:余暇施設開発の実際25.属性からみた被験者のタイポロジー,日本建築学会大会学術講演梗概集,p337-338,2010.

50) 西口真也,三上訓顯,大野紘資:余暇施設開発の実際26.20代若者の余暇活動意識の出現要因について,日本建築学会大会学術講演梗概集,p339-340,2010.

51) 稲垣菜月,西口真也,三上訓顯:余暇施設開発の実際27.スキー場関係者の余暇活動意識の出現状況について,日本建築学会大会学術講演梗概集,p331-332,2011.

52) 西口真也,三上訓顯,稲垣菜月:余暇施設開発の実際28.スキー場関係者の余暇活動意識の要因について,日本建築学会大会学術講演梗概集,p333-334,2011.

53) 西口真也,三上訓顯,稲垣菜月:余暇施設開発の実際29.スキー場関係者と利用者の余暇活動関心度評価について,日本建築学会大会学術講演梗概集 p335-336,2011.

54) 小川直茂,三上訓顯:薬剤の服用におけるデザイン上の課題抽出,日本デザイン学会第58回研究者発表会大会梗概集 p16-17,2011.

55) 小川直茂三上訓顯:ささしま地区整備計画提案・スケマティックイメージの制作コンピュータグラフィックス活用事例報告,岐阜県立女子大学研究紀要第61号,p105-108,2013.

56) 三上訓顯,稲垣菜月,內山志保:余暇施設開発の実際30.スキー場・街区一体型余暇施設について,日本建築学会大会学術講演梗概集,p225-226,2012.

57) 稲垣菜月,內山志保,三上訓顯:余暇施設開発の実際31.妙高市のスキー場と宿泊者数の関係について,日本建築学会大会学術講演梗概集,p27-228,2012.

58) 內山志保,三上訓顯,稲垣菜月:余暇施設開発の実際32.妙高市と余暇活動の要因について,日本建築学会大会学術講演梗概集,p229-230,2012.

59) 前田保,三上訓顯:愛知県江南市布袋地区における歴史的街並の変遷,日本建築学会大会学術講演梗概集,p37-38,2012.

60) 前田保,三上訓顯:愛知県江南市古知野町の古民家に関する住民意識調査について,日本建築学会大会学術講演梗概集,p215-216,2014.

61) 鈴木緑,三上訓顯:余暇施設開発の33.年間のスキー場の運営推移に関する全体状況について,日本建築学会大会学術講演梗概集,p341-342,2014.

## 4. 評論

1) 三上訓顯:「だれでも分かる家具選び-第1回ワークステーション」,単著,日経オフィス1993年4月,P103-107.

2) 三上訓顯:「だれでも分かる家具選び-第2回会議用テーブル」,単著,日経オフィス1993年5月,P109-112.

3) 三上訓顯:「だれでも分かる家具選び-第3回事務用チェア」,単著,日経オフィス1993年6月,P93-97.

4) 三上訓顯:「だれでも分かる家具選び-第4回収納家具」,単著,日経オフィス1993年7月,P91-94.

5) 三上訓顯:「だれでも分かる家具選び-第5回色彩計画」,単著,日経オフィス1993年8月,P97-101.

6) 三上訓顯:プロデュース活動の実際,単著,日本建築学会建築雑誌1996年7月号,P33.

7) 三上訓顯:都市開発プロジェクトのプロデュース,筑波大学アート・デザインプロデュース2008,p169-174.

## 5. 講演会目録

1) これからのまちを考える基調講演,東海銀行上飯田支店,上飯田地区活性化協議会,1998.

2) 有松基調講演,名古屋市緑区東ガ丘小学校,第2回「イーストヒル・有松交流シンポジウム」基調講演,1998.

3) これからの住まい・まちづくりとコンサルタントの役割基調講演,名古屋都市センターホール,愛知住まい・まちづくりコンサルタント協議会設立総会記念講演,1999.

4) 「魅力的な店舗のデザイン」基調講演,名古屋市吹上ホール,名古屋市市民経済局商業地整備モデル事業講演会,2000.

5) 都市整備公社40周年記念基調講演,名古屋都市センター,名古屋市都市整備公社,2001.

6) 愛知コンサルタント協議会,基調講演,名古屋都市センター,2006.

7) 名古屋市教育委員会教員免許更新講習:リアルからバーチャルデザイン1・2,2009.

8) 知立市まちづくり基調講演:居住環境都市をめざして,リリオコンサートホール2011.

9) 刈谷市駅前地区開発に関わるレクチャー1～3,刈谷コミュニティセンター,2015-2016.(3回)

## 6. 作品目録（1983年以降のプロジェクトに限定）

実施プロジェクト

1) 浜野安宏,村山友宏,三上訓顯:神戸ファッションタウン活性化プロデュース,共著,神戸ファッションタウン協議会,1983.

2) 浜野安宏,村山友宏,三上訓顯:高円寺北地区商業施設プロデュース,東京都第一再開発事務所,1986-1989.

3) 浜野安宏,村山友宏,丸山浩,三上訓顯,マイケル・グレイブス,構造計画事務所:横浜市ポートサイド地区Dブロック,アルテ横浜総合プロデュース,都市再生機構,1987-1990.

4) 浜野安宏,村山友宏,丸山浩,三上訓顯,マイケル・グレイブス,構造計画事務所:横浜市ポートサイド地区都市デザインプロデュース,横浜市,1987-1990.

5) 浜野安宏,村山友宏,三上訓顯,外立正:東京都健康プラザ事業プロデュース,東京都,1988-1990.

6) 浜野安宏,村山友宏,三上訓顯,ジョン・ジャーディ・パートナーシップ:東京湾臨海副都心C地区事業コンペティション提案プログラム,プロデュース,共著,三菱地所・日本興業銀行・新日本製鉄・竹中工務店・東亜建設,1989--1990.(事業者として入選)

7) 浜野安宏,丸山宏,三上訓顯,ジョン・ジャーディ・パートナーシップ:鐘紡工場跡地開発(現「カナルシティ博多」)初期プロデュース,福岡地所,1991-1992.

8) 浜野安宏,北山孝雄,村山友宏,三上訓顯,マイケル・グレイブス,エットーレ・ソットサス,ミケーレ・デルッキ,武藤真登,安藤雅美,森本卓雄,小林もよ,柘植京子,三島悟,伊東俊二,丸山浩,日建設計,起用アーティスト:横尾忠則,エリック・ジョンソン,ジョー・フェイ,ジム・ドラン,コニー・ジェンキンス,リチャード・セラ,エットーレ・ソットサス,アレックス・カッツ,マイケル・ハイザー,シシー・パオ,ジョー・フェイ,マーク・コスタビ,スチュアート・ファインマン,ラッセル・チャタム,デビッド・バーグ,エレノア・バーマン,クリストファー・ブラウン,デビッド・バーグ,ベルナール・ケスニョー,ジェームス・ローゼンクイスト,アントニオ・ペティコフ,チェース・チェン,フランセスコ・スカボロ:NTTデータ通信新本社オフィスプロジェクト,NTTデータ通信,1991-1993.
主な掲載誌:商店建築1993.2,日経アーキテクチュア1993.2.1,1993.2.15,日経オフィス1993.5.2,FP1993.5.3,室内1993.2,プレジデント1993.5.2,日経コミュニケーション1993.1,ファシリティマネージメント1993.1,東洋経済1993.2.6 朝日新聞朝刊1993.10.19,毎日新聞夕刊1994.2.5,日経新聞夕刊平成1993.11,サンデー毎日1993.12.13,NHK放映1994.2.7,NHK教育テレビ放映1994.2.21,フジテレビ放映1994.2.8,
受賞協力:日経ニューオフィス賞特別賞,店舗システム協会賞,デミング賞実施賞.

9) 北山孝雄,村山友宏,三上訓顯,枝廣牧,北山孝二郎,デボラ・サスマン,三浦雄一郎:青森市モヤヒルズ総合プロデュース,青森市,1993-1997.
主な報道:東奥日報,青森放送放映1997.11.25
受賞:2000年日本デザイン学会作品賞

10) 北山孝雄,金田直人,三上訓顯,北山孝二郎,戸田芳樹,三菱エンジニアリング:再春製薬ニューファクトリー総合プロデュース,再春館製薬,1998-2002.

11) 三上訓顯,川前志穂子:名古屋市柴田地区商業地リフレッシュ整備事業,CI計画とデザイン,名古屋市市民経済局,2000-2002.

12) 三上訓顯:千種台センター地区商業・住宅等整備事業,名古屋市住宅供給公社,2004年竣工.

13) 三上訓顯:金山駅前北地区整備事業,名古屋市住宅都市局,名古屋市都市整備公社,2005年開業.

## 7. 調査・構想・計画策定提案書および設計

1) 浜野安宏,村山友宏,三上訓顯,宮城壯太朗,増田安基,下河辺淳,片桐達夫:日光市の将来基本構想 日光「国際リゾート文化都市」構想報告書,日光市,1983.

2) 浜野安宏,村山友宏,三上訓顯,宮城荘太朗,増田安基:沼沢湖・太郎布＜文化の里＞構想調査研究報告書,東菱,1984.

3) 浜野安宏,村山友宏,三上訓顯:神戸ポートアイランド・ファッシュンタウン活性化計画調査研究報告書,神戸市・神戸ファッシュンタウン協会,1985.

4) 池原謙一郎,佐々木武之,三上訓顯,杉野展子,宮田好道:名古屋市久屋大通り公園公開設計競技,名古屋市緑地土木局,1986.

5) 浜野安宏,村山友宏,三上訓顯:菊鹿町ハーブ・カントリー構想調査研究報告書,熊本県鹿本郡菊鹿町,1986.

6) 浜野安宏,村山友宏,三上訓顯:鹿北町＜森林ルネッサンスの町・ウッディライフセンター＞構想調査研究報告書,熊本県鹿本郡鹿北町,1986.

7) 浜野安宏,村山友宏,三上訓顯,真島俊一:清和村＜ふるさと体験・田園劇場＞構想調査研究報告書,熊本県地域活性化センター,1986.

8) 浜野安宏,村山友宏,三上訓顯:高円寺北地区市街地再開発事業・商業施設計画〈その1〉報告書,

東京都第一再開発事務所,1986.

9) 浜野安宏,村山友宏,丸山浩,三上訓顯:みなとみらい21－ポートユニティ住宅商品化企画1.調査研究報告書,横浜市・UR都市機構,1986.

10) 浜野安宏,村山友宏,三上訓顯:高円寺北地区市街地再開発事業・商業施設計画〈その2〉報告書,東京都第一再開発事務所,1987.

11) 浜野安宏,村山友宏,三上訓顯:阿蘇リゾート文化ンセプトプラン報告書,熊本県地域開発センター,1987.

12) 浜野安宏,三上訓顯:相模湖ふるさと芸術村基本計画策定報告書,神奈川県なぎさ相模川プラン推進室・日本地域開発センター,1988.

13) 浜野安宏,村山友宏,三上訓顯:高円寺北地区市街地再開発事業・商業施設計画〈その3〉,東京都第一再開発事務所,1988.

14) 浜野安宏,丸山浩,三上訓顯:みなとみらい21－ポートユニティ住宅商品化企画2,UR都市機構,1988.

15) 浜野安宏,村山友宏,三上訓顯:馬車道商店街第2次整備計画調査報告書,横浜市,馬車道商店街,1988.

16) 浜野安宏,村山友宏,三上訓顯:東京湾臨海部副都心ファツションタウン構想・計画イメージ,共著,三菱総合研究所,1988.

17) 浜野安宏,村山友宏,三上訓顯:神戸FCCに関する調査研究－基本構想編,神戸市,住友信託銀行,1988.

18) 浜野安宏,村山友宏,三上訓顯,外立正,日本設計:東京都健康プラザ事業計画およびCI制作,三菱信託銀行,1988.

19) 浜野安宏,村山友宏,三上訓顯:東八幡平リゾート・プロジェクト調査,JR東日本,1988.

20) 浜野安宏,村山友宏,三上訓顯:阿蘇リゾート文化圏・プロジェクトシリーズ報告書,熊本県地域活性化センター,1988.

21) 浜野安宏,村山友宏,三上訓顯:JR海浜幕張駅施設開発プロジェクト－幕張フェアセンター開発構想,JR東日本,1989.

22) 浜野安宏,村山友宏,三上訓顯:田沢湖リゾート開発計画基本構想報告書,JR東日本,1989.

23) 浜野安宏,村山友宏,三上訓顯:六甲アイランド・クリエイティブコースト開発構想,三井不動産,1989.

24) 浜野安宏,村山友宏,三上訓顯:台場地区 開発構想 調査研究報告書－東京ブロードウェー計画の提案,三菱地所,1989.

25) 浜野安宏,村山友宏,三上訓顯,ジョン・ジャーディ・パートナーシップ:東京テレポートタウン事業コンペ「東京湾臨海副都心ワールド・エンターテイメント・モール計画」,三菱地所・日本興業銀行・新日本製鉄・竹中工務店・東亜建設,1990.

26) 村山友宏,三上訓:台場地区開発プロジェクト事業化検討業務報告書,三菱地所,1991.

27) 浜野安宏,村山友宏,三上訓顯:NTTデータ通信ニューオフィス構想報告書－気持ちのいいオフィス暮らし,NTTデータ通信,1990.

28) 浜野安宏,北山孝雄,村山友宏,三上訓顯:NTTデータ通信ニューオフィスプロジェクト1.総合プロデュース報告書,NTTデータ通信,1992.

29) 三上訓顯,東京オフィスプランニング,森本卓雄,オフィス総合研究所,多摩川健康開発 高村造園,丸山浩,PASIFIC ART&DESIGN CENTER:NTTデータ通信ニューオフィスプロジェクト2.基本計画報告書,NTTデータ通信,1992.

30) 三上訓顯,伊東俊一,三島悟,塩田要,肥後伸一郎,橋本修,マイケル・グレイブス,ミケーレ・デ・ルッキ,武藤真登,小林もよ,日建設計:NTTデータ通信ニューオフィスプロジェクト3,オフィスフロア、役員フロア、会議フロア、エントランスフロア,1991.

31) 三上訓顯,マイケル・グレイブス,エットーレ・ソットサス,ミケーレ・デ・ルッキ,武藤真登,小林もよ,東京オフィスプランニング:NTTデータ通信ニューオフィスプロジェクト4.導入家具デザイン及び配置,NTTデータ通信,1992.

32) 丸山浩,三上訓顯,PASIFIC ART&DESIGN CENTER:NTTデータ通信プロジェクト5.コーポレートアート選定・購入・設置工事に関する基本計画設計報告書.NTTデータ通信,1992.

33) 三上訓顯:NTTデータ通信ニューオフィスプロジェクト6.記録報告書制作業務,1992.

34) 三上訓顯,ロックス・カンパニー,外立正:NTTデータ通信ニューオフィスプロジェクト7.ニュースレリース編集,NTTデータ通信,1992.

35) 三上訓顯,外立正,ロックス・カンパニー:NTTデータ通信ニューオフィスプロジェクト8.ニュースレリース制作,1992.

36) 北山孝雄,村山友宏,三上訓顯:雲谷地区観光レクリェーション機能整備推進計画,青森市商工部,1993.

37) 北山孝雄,村山友宏,三上訓顯:青森市アスパム通り振興構想,青森市商工部,1994.

38) 村山友宏,三上訓顯,枝宏宇人:静岡市大谷地区開発計画基本構想,NTTファシリティーズ,コスモプラン,1994.

39) 北山孝雄, 三上訓顯, 森田正樹, 矢野功, 狩野尾弓夫：青森市営競輪場改修計画, 青森市企画財政部, 1994.
40) 北山孝雄, 三上訓顯, 枝廣牧, 北山孝二郎：雲谷地区観光レクリェーション機能マスタープラン, 青森市商工部, 1994.
41) 北山孝雄, 村山友宏, 三上訓顯, 松岡一久, 北山考二郎, 東京オフィスプランニング, 近藤康夫：長野トヨタ新本社ビル, 長野トヨタ, 1995.
42) 北山孝雄, 村山友宏, 鈴木理恵, 三上訓顯：ＴＯＴＯ桜新町ビル・オフィス構想, TOTO, 1995.
43) 北山孝雄, 村山友宏, 松岡一久. 三上訓顯：大林組新本社オフィス構想, 大林組新本社準備室, 1995.
44) 村山友宏, 佐々木徹, 三上訓顯：名古屋市商業地整備モデルプラン, 名古屋市, 1995.
45) 三上訓顯：青森市駅前市街地再開発構想コンセプト＆イメージ, 青森市商工部, 1995.
46) 吉田成行, 三上訓顯：名古屋市上飯田地区商業地整備モデルプラン２, 名古屋市, 1996.
47) 吉田成行, 三上訓顯, 枝廣牧：青森市駅前再開発中心市街地グランドデザイン, 青森市商工部, 1996.
48) 吉田成行, 三上訓顯：青森市酸ヶ湯余暇施設整備構想, 共著, 青森市商工部, 1997.
49) 金田直人, 三上訓顯, 西岡鶴夫：西宮駅前再開発構想, 阪神電鉄, 1997.
50) 金田直人, 三上訓顯：西宮市浜田地区商業構想, 阪神百貨店, 1997.
51) 金田直人, 三上訓顯：再春館製薬企業リニューアル構想及び基本計画, 再春館製薬, 1997.
52) 松岡一久, 三上訓顯：仙台FAZ文化施設構想, 宮城県企業局, 1997.
53) 鈴木理恵, 三上訓顯：横浜市都心臨海部活性化プロジェクト, 横浜市港湾局, 1997.
54) 三上訓顯, 安藤大輔, 奥村和則, 小川直茂, 坂戸尚子, 福沢一義：青森県総合芸術パーク・コンペティション応募(最終審査作品), 青森県, 1999.
55) 金田直人, 三上訓顯：公津の杜開発基本計画, 京成電鉄, 1999.
56) 三上訓顯：GOYA Milluennium Project Series No1.KANAYAMA GATEWAY Concept&Schematic Design, 名古屋市都市センター, 2000.
57) 三上訓顯：NAGOYA Millennium Project Series No2.SHINSAKAE FASHION DISTRICT Concept&Schematic Design, 名古屋市都心核東部地区整備検討委員会, 2000.
58) 三上訓顯：NAGOYA Millennium Project Series No3.CAPITAL PROMOTON Concept&Schematic Design, 名古屋市都心核東部地区整備検討委員会, 2000.
59) 北山孝雄, 鈴木理恵, 三上訓顯：千葉みなとマスタープラン, 千葉県企業局, 2001.
60) 北山孝雄, 松岡一久, 三上訓顯：海老名駅前商業施設整備計画, 小田急電鉄, 2001.
61) 金田直人, 塚元治, 三上訓顯：Y-PROJEECT, 本田技研工業, 2001.
62) 金田直人, 三上訓顯：南海難波CITY再整備計画, 南海電鉄, 2001.
63) 三上訓顯：名古屋市錦3丁目開発構想"AQWAT"事業構想, 名古屋市立大学, 2001.
64) 三上訓顯：名古屋市市民ライフサポート・デザインセンター事業構想, 名古屋市立大学学長懇談会ワーキンググループ, 2001.
65) 三上訓顯：千種台センター地区商業等整備構想, 名古屋市住宅供給公社, 2001.
66) 三上訓顯：コンピュータグラフィックスによるスケマティックデザイン, 名古屋市立大学, 2001.
67) 三上訓顯, スペーシア：若宮ギャラリーストリートの提案 -That's Fun, 若宮大路ルネッサンス検討委員会, 2003.
68) 三上訓顯：The Proposal about New Business for Interchange, パシフィックコンサルタンツ, 2003.
69) 松岡一久, 三上訓顯：堀川納屋橋地区先行取得用地を活用した堀川賑わいづくり調査, 名古屋市都市整備公社, 2003.
70) 金田直人, 三上訓顯：中華人民共和国江蘇省リーヤン市天目湖新鎮総合計画, リーヤン市天目湖人民政府, 2004.
71) 金田直人, 三上訓顯：JR東日本中央線高架化下活用事業, JR東日本, 2005.
72) 金田直人, 三上訓顯：JR東日本中央線高架化下活用事業, JR東日本, 2006.
73) 金田直人, 三上訓顯, アプル総合計画事務所：門司港レトロ第2期計画実施計画策定調査報告, 門司市, 2006.
74) 三上訓顯, 大野紘資, 犬塚道彰, 加古拓也：セカンドライフネットワークにおけるバーチャル環境のコンセプトワークと3DCGデザイン, ソニックマート, 2009.
75) 三上訓顯, 稲垣菜月, 馬場智嘉, 美野島聖也：名古屋市ささしまライブ24事業, エリアマネージメントのあり方について, 名古屋市, 2010.
76) 三上訓顯：名古屋市立大学統合型キャンパス将来事業構想, 名古屋市立大学, 2016.

## 8. 建築実施設計

1) 土屋巌建築設計事務所：埼玉県立本庄文化会館, 1980.
2) 土屋巌建築設計事務所：埼玉医科大学・育心会救護施設実施設計, 1980.

**3)** 土屋巌建築設計事務所 : 埼玉慈恵病院新本館実施設計 ,1983.
**4)** 土屋巌建築設計事務所 :「東松山市一町一村一部事務組合・斎場」実施設計 ,1983.
**5)** 浜野商品研究所 :NTT データ 信新本社オフィス福利厚生施設実施設計 ,1992.
**6)** 北山創造研究所 ,狩野尾建築設計事務所 : 青森市競輪場女性専用スタンド施設実施設計 ,1994.
**7)** 名古屋市立大学 ,伊藤建築設計事務所 : 芸術工学部キャンパス広場及びモニュメントデザイン設計 ,1998.
**8)** 名古屋市立大学 ,伊藤建築設計事務所 : 芸術工学部ゲート設計 ,2000.

### 9. 展示
**1)** 産学交流プラザ 2001, 名古屋市吹上ホール ,2001.10.
**2)** 芸工展 2002, 名古屋市市民ギャラリー矢田 ,2002.12.
**3)** 産学交流プラザ 2003, 名古屋市吹上ホール ,2003.10.
**4)** 共時態の環境デザイン展 , 筑波大学 ,2014.10.

### 10. 研究代表者として受けた研究助成
**1)** 名古屋都市センター , 日本の副都心形成に関する研究 ,1998.
**2)** 大幸財団 , ギネティック・タイポグラフィーに関する研究 ,2000.
**3)** 日本学術振興会科学研究費 : 基盤 (C) 企業ブランドの国際競争力向上を目指したブランドデザインに関する研究 ,2011-2013.
**4)** 日本学術振興会科学研究費 : 基盤 (C) 統合型健康・医療情報生涯サポートモデルの構築に関する研究 ,2014-2016.

### 11. 学会賞
2000 年日本デザイン学会年間作品賞 , 日本デザイン学会 ,2000.

# あとがき

　筆者の19年間の大学人としての生活の中でひとつだけうれしかったことがある。それは独立行政法人国語研究所が行っている「ことのは」という現代文を収集するプロジェクトに、筆者が大学紀要に書いた論文が採用されたことである。ただしどのような意図で採用されたかはわからない。だから悪文の代表なのか、あるいは美文とはいわないまでも少しはましな文章だったかはいまだに不明である。だからといって本書の文章が上手に書けているわけではない。むしろ事実は逆で、読者にとって読みやすい文章にしようと努力はした。しかし図版も含めて複雑多岐にわたる材料を前にし、さすがに気力と体力を使い果たした。この辺でご勘弁願いたいという気持ちのほうが強い。当然本文で執筆した内容のすべては、筆者の責任に帰するところである。

　話は変わるが、私がプロデュースというたいへん特色あるデザイン実現の方法を習得できたのは、東京の西麻布にあった浜野商品研究所に在籍していたからである。そこで3人の人達から教えを受けた。1人は浜野安宏氏、いうまでもなくプロデュースという新しい方法を社会的に実践してきた先駆けというべきだろう。2人目は当時副社長であった北山孝雄氏。北山氏は実にたくさんの特色ある仕事を持ち込んできてくれた。そうした仕事の経験があったからこそ、私もプロデュースという仕事の片隅に席を置くことになったのである。3人目は、村山友宏氏。当時私の上司であったが、なんといっても論述とチャートのたいへんな達人なのである。それは言葉の概念を執拗に探り、そして必要十分に吟味しながら描かれる説得力と魅力ある言葉と図によるプロポーザルなのである。本書で書いたコンセプトクリエイションのところは、この村山氏に教わったさまざまな知識や方法論の集積を、私なりに咀嚼し構成したものである。そして本書で取り上げたプロジェクトの一部は、同社の故金田直人氏と一緒に行ったものもある。過労で急逝した彼の冥福を祈るとともに、一緒に仕事をした建築家を始め数多くの仲間達にも感謝の言葉を申し上げる次第である。

　こうした私の仕事上の経験を認め研究論文にすることを薦めてくれたのが、当時筑波大学教授であった土肥博至先生である。結果として博士号を取得するに至り今日の大学人としての基盤を形成してくれた。さらに企業から大学人に至る私の多忙な活動を、大いにおもしろがり、そして遠目に支えてくれた故三上由紀子に、ありがとうと言いたい。この本は、私の人生を大いに刺激してくれた6人のキーパーソンを中心にしてできたといってもよい。

　最後に本書の出版の労をとってくれた井上書院の関谷勉氏、石川泰章氏、山中玲子氏、ならびに本書の表紙の手直しをしてくれた名古屋市立大学森旬子教授にも感謝を申し上げる次第である。

## 著者紹介

## 三上訓顯　MIKAMI Noriaki

1951 年　東京に生まれる
1984 年　筑波大学大学院芸術研究科修了
現　在　浜野商品研究所研究開発ディレクターを経て
　　　　名古屋市立大学大学院芸術工学研究科教授
　　　　日本デザイン学会、日本建築学会、日本都市計画学会会員
　　　　愛知住まい・まちづくりコンサルタント協議会顧問
　　　　博士 ( デザイン学 )、一級建築士
　　　　e-mail : team_mikami@mac.com

・本書の複製権・翻訳権・上映権・譲渡権・公衆送信権 ( 送信可能化権を含む ) は株式会社井上書院が保有します。

JCOPY　< ( 一社 ) 出版者著作権管理機構　委託出版物 >
本書の無断複写は著作権法上での例外を除き禁じられています。複写される場合は、そのつど事前に、( 一社 ) 出版者著作権管理機構 ( 電話 03-3513-6969、FAX03-3513-6979、e-mail : info@jcopy.or.jp) の許諾を得てください。

---

環境デザインのプロデュース・コンセプトクリエイション・イマジニアリング

2017 年 1 月 20 日　第 1 版第 1 刷発行

著　者　三上訓顯 ©
発行者　石川泰章
発行所　株式会社 井上書院
　　　　〒 113-0034 東京都文京区湯島 2-17-15　斉藤ビル
　　　　電話 03-5689-5481　FAX03-5689-5483
　　　　http://www.inoueshoin.co.jp/
　　　　振替　00110-2-100535
印刷所　西濃印刷株式会社
装　幀　森 旬子

ISBN978-4-7530-1761-4　C3052　　　　　　　　　　　Printed in Japan